Deutsches Nationalkomitee
für das UNESCO-Programm
„Der Mensch und die Biosphäre"
und
Deutsche UNESCO-Kommission

Der deutsche Beitrag zum UNESCO-Programm „Der Mensch und die Biosphäre" (MAB)

im Zeitraum Juli 1990 bis Juni 1992

von K.-H. Erdmann und J. Nauber

Geographisches Institut
der Universität Kiel

Impressum

Herausgeber:

Deutsches Nationalkomitee für das UNESCO-Programm
„Der Mensch und die Biosphäre" (MAB)
c/o Bundesministerium für Umwelt, Naturschutz und
 Reaktorsicherheit (BMU)
Godesberger Allee 90, D-W-5300 Bonn 2
Tel.: (02 28) 305 2660
Fax: (02 28) 305 2695

und

Deutsche UNESCO-Kommission
Colmantstraße 14, D-W-5300 Bonn 1
Tel.: (02 28) 69 20 91
Fax: (02 28) 63 69 12

Verfasser:

Karl-Heinz Erdmann und Jürgen Nauber
MAB-Geschäftsstelle
c/o Bundesforschungsanstalt für Naturschutz und
 Landschaftsökologie (BFANL)
Konstantinstraße 110, D-W-5300 Bonn 2
Tel.: (02 28) 8491 136 / 138
Fax: (02 28) 8491 200

Gesamtherstellung:

Rheinischer Landwirtschafts-Verlag G.m.b.H., Abt. Druckerei, Bonn

Gedruckt auf mattgestrichenem Recyclingpapier (Innenteil) und
chlorfrei gebleichtem Umschlagkarton

Das Werk einschließlich aller seiner Teile ist urheberrechtlich geschützt. Jede Verwertung außerhalb der engen Grenzen des Urheberrechtsgesetzes ist ohne Zustimmung der Verfasser unzulässig und strafbar. Das gilt insbesondere für Vervielfältigungen, Übersetzungen, Mikroverfilmungen und die Einspeicherung und Verarbeitung in elektronischen Systemen.

Die Deutsche Bibliothek — CIP-Einheitsaufnahme

Erdmann, Karl-Heinz:
Der deutsche Beitrag zum UNESCO-Programm „Der Mensch und die Biosphäre" (MAB) im Zeitraum Juli 1990 bis Juni 1992 / von K.-H. Erdmann und J. Nauber. Deutsches Nationalkomitee für das UNESCO-Programm „Der Mensch und die Biosphäre" (MAB) und Deutsche UNESCO-Kommission. — Bonn : Dt. Nationalkomitee für das UNESCO-Programm „Der Mensch und die Biosphäre" (MAB) ; Bonn : DUK, 1993
 ISBN 3-927907-30-8
NE: Nauber, Jürgen:

Inhaltsverzeichnis

1. EINLEITUNG 7

2. DAS MAB-PROGRAMM. GESCHICHTE, AUFGABEN UND ZIELE 9
2.1 Umweltforschung. Eine zentrale Aufgabe der UNESCO 9
2.2 Struktur, Aufgaben, Ziele des MAB-Programms 12
2.2.1 Die Organisation von MAB 13
2.2.2 Schwerpunkte der MAB-Arbeit 14
2.2.3 Internationale MAB-Pilotprojekte 15
2.2.4 Vergleichende MAB-Studien 16
2.2.5 MAB-Ausbildungsaktivitäten 17
2.3 Das MAB-Programm in Deutschland 17
2.3.1 Das MAB-Nationalkomitee 17
2.3.2 Die MAB-Geschäftsstelle 19

3. DER DEUTSCHE BEITRAG ZUM MAB-PROGRAMM 21
3.1 Die nationalen Projektbeiträge 22
3.1.1 „Ballungsnahe Waldökosysteme (BallWös)" in Berlin (MAB-2) 23
3.1.2 „Ökosystemforschungszentrum Waldökosysteme" in Göttingen (MAB-2, -14) 26
3.1.3 „Ökosystemforschung im Bereich der Bornhöveder Seenkette" (MAB-3, -9, -14) 29
3.1.4 „Ökosystemforschungsprogramm Wattenmeer am Beispiel der Nationalparke Niedersächsisches und Schleswig-Holsteinisches Wattenmeer" (MAB-5) 34
3.1.5 „Agrarökosystemmodelle: Landnutzungsänderungen im stadtnahen Raum am Beispiel des Rhein-Sieg-Kreises" (MAB-13, -14) 37
3.1.6 „Forschungsverbund Agrarökosysteme München" (FAM), Klostergut Scheyern/Bayern (MAB-13) 41

3.2	**Biosphärenreservate**	45
3.2.1	Aufgaben der Biosphärenreservate	50
3.2.1.1	Schutz der ausgewiesenen Ökosysteme	52
3.2.1.2	Entwicklung der Landnutzung	52
3.2.1.3	Umweltforschung und -monitoring	53
3.2.1.4	Ausbildung und Umwelterziehung	54
3.2.2	Biosphärenreservate in Deutschland	55
3.2.2.1	Biosphärenreservat Bayerischer Wald	58
3.2.2.2	Biosphärenreservat Berchtesgaden	60
3.2.2.3	Biosphärenreservat Hamburgisches Wattenmeer	61
3.2.2.4	Biosphärenreservat Mittlere Elbe	62
3.2.2.5	Biosphärenreservat Niedersächsisches Wattenmeer	63
3.2.2.6	Biosphärenreservat Pfälzerwald	64
3.2.2.7	Biosphärenreservat Rhön	66
3.2.2.8	Biosphärenreservat Schleswig-Holsteinisches Wattenmeer	69
3.2.2.9	Biosphärenreservat Schorfheide-Chorin	70
3.2.2.10	Biosphärenreservat Spreewald	74
3.2.2.11	Biosphärenreservat Südost-Rügen	76
3.2.2.12	Biosphärenreservat Vessertal/Thüringer Wald	77
3.2.3	Der Beitrag der Biosphärenreservate zur Ökologischen Umweltbeobachtung und Umweltprobenbank in Deutschland	78
3.2.4	Die MAB-Ausstellung „Biosphärenreservate in Deutschland"	80
3.3	**Die internationalen Projektbeiträge**	82
3.3.1	„Arid Ecosystem Research Centre (AERC)" in Beer Sheba/Israel (MAB-3)	85
3.3.2	„Culture Area Karakorum (C.A.K.)" in Pakistan (MAB-6)	85
3.3.3	„Tropenwaldbewirtschaftung" in Madagaskar, Papua-Neuguinea und Brasilien (MAB-13)	86
3.3.4	„Savannen-Ökosysteme" in Ghana (MAB-4)	87
3.4	**Internationale MAB-Zusammenarbeit**	88
3.4.1	EURO-MAB	90
3.4.2	Biosphere Reserve Integrated Monitoring (BRIM)	90
3.5	**Personelle Situation der MAB-Geschäftsstelle**	91
3.6	**Perspektiven der künftigen Arbeit des Deutschen MAB-Nationalkomitees**	91

4.	**ANHANG**	95
4.1	Verzeichnis der Abkürzungen	95
4.2	Mitglieder des Deutschen MAB-Nationalkomitees	96
4.3	Aktivitäten der MAB-Geschäftsstelle im Berichtszeitraum	102
4.4	Veröffentlichungen der MAB-Geschäftsstelle im Berichtszeitraum	106
4.5	Liste der von der UNESCO anerkannten Biosphärenreservate	109
5.	**ENGLISH SUMMARY**	123
5.1	The National Committee	123
5.2	German Contribution to the MAB-Programme	123
5.2.1	National Projects	123
5.2.2	German contributions to international projects	127
5.3	International Cooperation	128
5.4	Future Perspektives	128

1. Einleitung

Das MAB-Nationalkomitee legt mit dem vorliegenden Bericht die Ziele des MAB-Programms der UNESCO und eine umfassende Beschreibung des deutschen Programmbeitrages der letzten zwei Jahren der Öffentlichkeit vor. Der Bericht beinhaltet neben einer Darstellung der Aufgaben und Ziele des MAB-Programms eine Beschreibung der nationalen und internationalen Beiträge der Bundesrepublik Deutschland zum MAB-Programm, einen Überblick über die internationale Zusammenarbeit im Rahmen von MAB sowie eine Übersicht über Perspektiven der künftigen Arbeit des Deutschen MAB-Nationalkomitees. Im Anhang finden sich tabellarische Aufstellungen zu den Aktivitäten der MAB-Geschäftsstelle, den deutschen MAB-Projekten, den Gästen des deutschen MAB-Nationalkomitees, Veröffentlichungen der MAB-Geschäftsstelle im Berichtszeitraum sowie eine Liste der von der UNESCO anerkannten Biosphärenreservate.

Den Projektkoordinatoren sei an dieser Stelle für das Zusammenstellen der Ergebnisse ihrer Vorhaben zur Vervollständigung dieses Berichtes ganz herzlich gedankt.

2. Das MAB-Programm.
Geschichte, Aufgaben und Ziele

Seitdem Menschen leben, verändern sie ihre Umwelt. Stets haben sie die Natur und dessen ökologisches Potential genutzt, häufig aber auch übernutzt. Die Qualität der anthropogenen Eingriffe in das ökosystemare Gefüge war jedoch jederzeit abhängig vom Entwicklungsstand ihrer geistigen und technischen Möglichkeiten.

Von Beginn der Menschheitsgeschichte an haben nicht nur die Eingriffe des Menschen in den Naturhaushalt zugenommen, sondern darüber hinaus auch eine neue Dimension erhalten. Waren die ökologischen Probleme in früheren Jahrhunderten auf lokale und regionale Ebenen beschränkt, können anthropogen ausgelöste Umweltkatastrophen heute die Funktionsfähigkeit der Ökosysteme global gefährden oder sogar zerstören.

Erst seit die Menschheit — durch Filmaufnahmen der Raumfahrt — die Erde als begrenzten Planeten erfahren konnte, entwickelte sich ein neues „Welt"-Bild. Es wurde immer deutlicher, daß das gesteigerte menschliche Wirken auf dem Planeten Erde eines Tages an Grenzen des Wachstums stößt. Aus diesem Grunde wurde seit Ende der 60er Jahre der Ruf nach einer Kurskorrektur des „Raumschiffs Erde" immer lauter.

2.1 Umweltforschung.
Eine zentrale Aufgabe der UNESCO

Unter dem Eindruck des zweiten Weltkrieges wurden im Oktober 1945 die Vereinten Nationen (UN) ins Leben gerufen. Ein Jahr später folgte die Gründung der UNESCO (United Nations Educational, Scientific and Cultural Organization), einer Sonderorganisation der UN, zu deren Aufgabenbereich die Fachgebiete Erziehung, Wissenschaft und Kultur gehören.

In der Verfassung der UNESCO erklären die Unterzeichnerstaaten, eine Organisation gründen zu wollen, die durch Zusammenarbeit aller Völker der Erde in den genannten Aufgabenbereichen „die Ziele des internationalen Friedens und des allgemeinen Wohlergehens der Menschheit" schrittweise erreichen soll.

Schon die Gründer der UNESCO hatten erkannt, daß Frieden und Wohlergehen für die Menschheit nur erreicht werden kann, wenn auch das Wissen um die Umwelt erweitert wird. Aus diesem Grund nimmt die Umweltforschung in der UNESCO seit ihrer Gründung breiten Raum ein. Schon 1948 rief die UNESCO das „Arid Zone Research Program" (1950 bis 1964) ins Leben. Im Rahmen dieses Programms wurden in Ägypten, Indien, Israel, Pakistan und Tunesien Forschungszentren eingerichtet und eine Vielzahl internationaler Symposien veranstaltet.

1954 folgte die Organisation des „Humid Tropics"-Forschungsprogrammes, das ebenfalls 1964 endete. Ab 1965 wurden beide Programme von der „Internationalen Hydrologischen Dekade" abgelöst, die ihrerseits seit 1975 in dem „International Hydrological Program" (IHP) weitergeführt wird. 1964 gründete der „International Council of Scientific Unions" (ICSU) mit Unterstützung der UNESCO das „International Biological Program" (IBP), das bis 1974 lief. Vor allem in den Industrieländern war das Programm sehr erfolgreich. Allerdings zeigten sich schon kurz nach dessen Gründung konzeptionelle Schwächen. Insbesondere kritisierten zahlreiche Wissenschaftler, daß im IBP zu wenig Gewicht auf die Erforschung anthropogener Umwelteinwirkungen gelegt worden sei. Darüber hinaus waren ausschließlich naturwissenschaftliche Disziplinen an dem IBP-Programm beteiligt, so daß vor allem soziale und wirtschaftliche Aspekte bei der Erforschung der ökosystemaren Zusammenhänge unberücksichtigt blieben.

Schon kurz nach Anlaufen des IBP wurde deshalb von seiten der Wissenschaft wie verschiedener Regierungen der Ruf laut, ein erweitertes ökologisches Programm mit neuen Arbeitsorientierungen zu formulieren. Nicht die Erweiterung des Wissens über biologische Prozesse und die biologische Produktivität sollte im Mittelpunkt der Arbeiten stehen, sondern primär die Erforschung der wechselseitigen Einflüsse von Mensch und Umwelt.

Schon im Jahre 1966 berief daraufhin die UNESCO-Generalkonferenz, eine „Zwischenstaatliche Sachverständigenkonferenz über die wissenschaftlichen Grundlagen für eine rationale Nutzung und Erhaltung des Potentials der Biosphäre" für den 04. bis 13. September 1968 nach Paris.

Diese sogenannte Biosphären-Konferenz, die mit Beteiligung der UN, der FAO (Food and Agriculture Organization of the United Nations) und der WHO (World Health Organization) sowie unter Mitarbeit der IUCN (International Union of Conservation of Nature and Natural Resources) und des IBP durchgeführt wurde, vereinigte 240 Delegierte aus 63 Ländern sowie 90 Vertreter internationaler Organisationen.

Die Konferenz, zu der erstmals alle Staaten der Erde eingeladen worden waren, hatte zum Ziel, den Stand der wissenschaftlichen Erkenntnisse über das Naturpotential und dessen Wechselwirkungen mit der menschlichen Gesellschaft zu beurteilen und festzustellen, in welchem Maße Daten und Methoden vorhanden oder noch zu erarbeiten sind, um Schutz, Pflege und Entwicklung des Naturpotentials nachhaltig vornehmen zu können.

Zahlreiche Tagungsteilnehmer betonten in ihren Beiträgen, daß der verwendete Terminus „rational use" nicht mit ‚rationeller Nutzung' — die nur vordergründig zweckmäßige Ergebnisse anstrebt ohne Berücksichtigung möglicher Nebenwirkungen und langfristiger Auswirkungen —, gleichzusetzen sei, sondern mit dem Begriff der „nachhaltigen Nutzung", welche auf eine dauernde, in die Zukunft gerichtete Leistungsfähigkeit des genutzten Objektes, Standortes oder Ökosystems abzielt, übersetzt werden sollte.

Die Beiträge der an der Biosphären-Konferenz teilnehmenden Staaten bzw. Organisationen machen deutlich, daß in den 50er und 60er Jahren ökologische Probleme besorgniserregend zunahmen. Besonders die Belastung von Boden, Wasser und Luft, die schnelle Zerstörung natürlicher Ökosysteme und ihre weitverbreitete Fehlbewirtschaftung, die Gefahr lokaler Hungersnöte und Fehlernährung der Bevölkerung, die Bedrohung der körperlichen und geistigen Gesundheit sowie die Verschlechterung der Lebensbedingungen wurden von den Tagungsteilnehmern als dringend zu lösende Probleme herausgestellt.

Zahlreiche Referenten stellten in ihren Beiträgen heraus, daß aufgrund des Ausmaßes der Umweltprobleme ein international abgestimmtes, gemeinschaftliches Handeln notwendig sei. Die Konferenz empfahl der UNESCO daher die Einrichtung eines zwischenstaatlichen internationalen ökosystemaren Programms.

2.2 Struktur, Aufgaben, Ziele des MAB-Programms

Die UNESCO nahm die Empfehlungen der Biosphären-Konferenz auf und begann schon kurz nach ihrem Abschluß, erste vorbereitende Schritte für ein neues ökologisches Programm einzuleiten. Diese mündeten in einem Programmentwurf, der im Oktober 1970 der 16. Generalkonferenz der UNESCO in Paris zur Entscheidung vorlag. Nach langer Debatte wurde am 23. Oktober 1970 — mit Resolution 2.313 — das ökologische Programm „Der Mensch und die Biosphäre" (Man and the Biosphere; MAB) ins Leben gerufen.

Aufgabe des MAB-Programms ist es, auf internationaler Ebene wissenschaftliche Grundlagen für eine nachhaltige Nutzung sowie für die Erhaltung der natürlichen Ressourcen der Biosphäre zu erarbeiten bzw. diese Grundlagen zu verbessern. Dieses Anliegen setzt voraus, daß der Mensch mit seinen raumwirksamen Tätigkeiten in die Arbeiten mit einbezogen wird. Aus diesem Grunde ist ein erweiterter ökosystemarer Ansatz Ausgangspunkt der MAB-Forschung. Dieser bezieht neben ökologischen — im naturwissenschaftlichen Sinne — ausdrücklich auch ökonomische, soziale, kulturelle und ethische Aspekte mit ein. MAB wurde deshalb als disziplinübergreifendes Forschungsprogramm angelegt, das wissenschaftliche Erkenntnisse über Struktur, Funktion, Stoffumsatz und Wirkungsgefüge einzelner Ökosysteme fördern soll. Gleichfalls sind aber auch Wechselwirkungen verschiedener Ökosysteme untereinander und vom Menschen verursachte Veränderungen in der Biosphäre Gegenstand der Forschung.

Im Gegensatz zum IBP beschränkt sich das MAB-Programm nicht auf die Untersuchung natürlicher bzw. weitgehend naturnaher, vom Menschen nur wenig beeinflußter Räume, sondern bezieht ausdrücklich auch stark anthropogen überformte Landschaften (z. B. urbane Räume) und mögliche Wechselwirkungen in die Betrachtung mit ein.

Die MAB-Forschung dient sowohl dem Erhalt der natürlichen Ressourcen als auch einer am Prinzip der Nachhaltigkeit orientierten sorgsamen Bewirtschaftung der Biosphäre. Aufgrund der globalen Dimension, die — im Gegensatz zu früheren Jahrhunderten — Eingriffe des Menschen in den Naturhaushalt heute haben, war das MAB-Programm von Anbeginn auf weltweite Zusammenarbeit ausgerichtet. Vor allem sollten, stärker als dies in früheren UNESCO-Programmen gelungen war, die Länder

der Dritten Welt in die Arbeiten zum MAB-Programm eingebunden werden. Schon auf der Biosphären-Konferenz hatte sich die Erkenntnis durchgesetzt, daß für die Lösung regionaler wie auch weltumspannender Umweltprobleme ein intensiver internationaler Erfahrungsaustausch nötig sei.

2.2.1 Die Organisation von MAB

Für Konzipierung und Planung des MAB-Programms auf internationaler Ebene ist ein Internationaler Koordinationsrat (ICC) verantwortlich (vgl. Fig. 1). Seine 30 Migliedsstaaten werden von der UNESCO-Generalkonferenz gewählt. Er tagt alle 2 Jahre und verfügt in Paris bei der UNESCO über eine Geschäftsstelle, das MAB-Sekretariat.

Für die Durchführung und Gestaltung des MAB-Programms zwischen den Sitzungen des Koordinationsrates wurde das MAB-Büro eingerichtet, das aus je einem Vertreter der UN-Regionen Afrika, Arabien, Asien/Australien, Südamerika, Westeuropa und Osteuropa besteht und zweimal jährlich zusammentrifft. Das „Büro", das für eine ICC-Periode

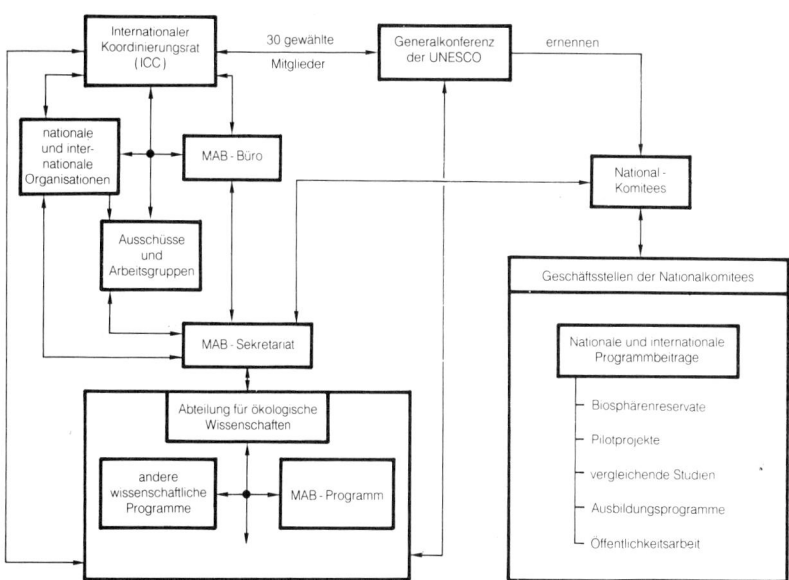

Fig. 1: Die internationale Organisation des MAB-Programms

gewählt wird, setzt sich zusammen aus dem Vorsitzenden, vier Stellvertretern und einem Berichterstatter.

Auf nationaler Ebene bilden die von den jeweiligen Regierungen berufenen Nationalkomitees das Rückgrat des Programms. Sie haben die Aufgabe, in Verbindung mit dem MAB-Sekretariat der UNESCO
— bei der internationalen Programmgestaltung mitzuwirken sowie
— nationale Programme anzuregen, zu beraten und Forschungsprojekte durchzuführen.

Die breite Resonanz, die das MAB-Programm weltweit gefunden hat, spiegelt sich in der Gründung von bisher ca. 120 Nationalkomitees in UNESCO-Mitgliedstaaten wider.

Trotz ihres Austrittes aus der UNESCO arbeiten Großbritannien und die Vereinigten Staaten von Amerika auch weiterhin über ihre Nationalkomitees an dem zwischenstaatlichen Regierungsprogramm MAB mit.

2.2.2 Schwerpunkte der MAB-Arbeit

In der Anfangsphase des MAB-Programms legte der ICC als Schwerpunkte für die MAB-Arbeit folgende 14 Projektbereiche fest:
1. Ökologische Folgen der zunehmenden Einwirkung des Menschen auf Ökosysteme tropischer und subtropischer Wälder;
2. Ökologische Auswirkungen verschiedener Nutzungs- und Bewirtschaftungsarten auf Waldlandschaften der gemäßigten und der mediterranen Zone;
3. Einfluß menschlicher Aktivitäten und Nutzungspraktiken auf Weideland: Savanne und Grasland (gemäßigte bis aride Gebiete);
4. Einfluß menschlicher Aktivitäten auf die Dynamik von Ökosystemen arider und semi-arider Zonen, unter besonderer Berücksichtigung der künstlichen Bewässerung;
5. Ökologische Auswirkungen menschlicher Aktivitäten auf den Wert und die Nutzbarkeit von Seen, Sumpfgebieten, Flüssen, Deltas und Flußmündungen sowie von Küstengebieten;
6. Einfluß menschlicher Aktivitäten auf Gebirgs- und Tundraökosysteme;
7. Ökologie und rationelle Nutzung der Ökosysteme von Inseln;
8. Erhaltung von Naturgebieten und dem darin enthaltenen genetischen Material;

9. Ökologische Bewertung von Schädlingsbekämpfung und Düngung in terrestrischen und aquatischen Ökosystemen;
10. Auswirkungen großtechnischer Anlagen auf den Menschen und seine Umwelt;
11. Ökologische Aspekte von Ballungsgebieten unter besonderer Berücksichtigung der Energiewirtschaft;
12. Wechselwirkungen zwischen Umweltveränderungen und der adaptiven, demographischen und genetischen Struktur der menschlichen Bevölkerung;
13. Wahrnehmung der Umweltqualität;
14. Forschung über Umweltverschmutzung und ihre Auswirkung auf die Biosphäre.

Auf seiner 8. Sitzung beschloß der ICC 1984 die Einsetzung einer unabhängigen Expertenkommission, welche die Aufgabe hatte, die bis zu diesem Zeitpunkt im Rahmen des MAB-Programms erzielten Ergebnisse zusammenzutragen und auf dieser Basis Empfehlungen für die künftige Programmarbeit auszusprechen. Auf der 9. Sitzung 1986 legte die Kommission ihren Abschlußbericht vor, der den Vorschlag enthielt, neben den 14 Projektbereichen die folgenden vier Forschungsorientierungen neu einzurichten:
1. Die Funktionsweise von Ökosystemen unter menschlichem Einfluß;
2. Nutzung und Wiederherstellung der vom Menschen belasteten Ressourcen;
3. Menschliche Investitionen und Ressourcen-Nutzung;
4. Reaktionen des Menschen auf Umweltbelastungen.

Der ICC stimmte auf seiner 9. Sitzung den Empfehlungen zu. Mit dieser Ergänzung des MAB-Programms soll in Zukunft die Suche nach Lösungen für Umweltprobleme noch effizienter gestaltet werden. Ausgehend von der lokalen und regionalen Ebene wird mit dieser Ergänzung in der künftigen MAB-Arbeit der globale Bezug stärker in den Mittelpunkt gerückt. Diese Sichtweise der Umweltprobleme gründet auf der Erkenntnis, daß die globale Umweltkrise nicht zuletzt aus dem synergetischen Zusammenwirken der lokalen und regionalen Umweltkrisen resultiert.

2.2.3 Internationale MAB-Pilotprojekte

Innerhalb des MAB-Programms werden besonders wegweisende Forschungsarbeiten zur Behandlung komplexer Umweltprobleme als Inter-

nationale MAB-Pilotprojekte anerkannt. Zur Prüfung der Anerkennung dienen folgende Kriterien:
1. Konzentration auf ein vorrangiges Problem der Landnutzung oder Bewirtschaftung der Ressourcen auf lokaler und nationaler Ebene, das gleichzeitig auch eine überregionale bzw. internationale Bedeutung hat (z. B. daß die Ergebnisse des Projektes auch für andere Länder von Interesse sind);
2. Beschäftigung mit den Schnittstellen zwischen der menschlichen Bevölkerung, ihren Aktivitäten, ihrer Umwelt und den sozio-ökonomischen, physischen und biologischen Systemen;
3. Verfügbarkeit bzw. wahrscheinliche Verfügbarkeit ausreichender finanzieller und technischer Mittel, die zur Durchführung eines Pilotprojektes erforderlich sind;
4. Entwicklung von Techniken zur Aufwertung und Verbreitung der Ergebnisse an Verwaltungspersonal, Planer und Manager, aber auch sonstige Interessierte.

2.2.4 Vergleichende MAB-Studien

Vergleichende Studien haben innerhalb des MAB-Programms die Aufgabe, theoretische und praktische Grundlagen für ein breites ökologisches Verständnis zu fördern. Darüber hinaus sollen sie dazu dienen, die verschiedenen Arbeitshypothesen in verschiedenen Landschaftsräumen und unter differierenden menschlichen Beeinflussungen der Ökosysteme zu überprüfen. Kriterien der vergleichenden Studien sind:
1. Erklärung allgemeiner und spezifischer Hypothesen in Kombination mit sowohl theoretischen als auch praktischen Zielen;
2. Anwendung objektiver, reliabler und valider Methoden und Techniken;
3. Angemessene Auswahl der Untersuchungsgebiete in bezug auf die genannten Hypothesen. Bei der Auswahl der Regionen sollten strukturelle und/oder funktionale Ähnlichkeit oder Einflußtypen Priorität haben;
4. Entwurf des Programms, so daß Theorien, Methoden und Bewirtschaftungseinsichten entwickelt und getestet werden und schließlich zu regionalen oder interregionalen Synthesen führen.

2.2.5 MAB-Ausbildungsaktivitäten

Schon während der Beratungen zur Gründung von MAB wurde betont, daß das Forschungsprogramm eng mit Ausbildungsaktivitäten verbunden sein müsse. Auf Initiative von MAB werden sowohl in Industriestaaten (z. B. Belgien, Deutschland, Frankreich, Niederlande, Österreich, Spanien) als auch in Entwicklungsländern (u. a. Burkina Faso, Gambia, Kapverdische Inseln, Mali, Mauritius, Niger, Senegal, Tschad) internationale Postgraduiertenkurse durchgeführt. Die MAB-Ausbildungsaktivitäten zielen auf die:
1. Ausbildung junger Wissenschaftler;
2. Ausbildung zukünftiger Entscheidungsträger;
3. Förderung der informellen Ausbildung;
4. Förderung der interdisziplinären Betrachtungsweisen.

Die MAB-Ausbildungsaktivitäten ergänzen die formellen und informellen Erziehungsaktivitäten, die im Rahmen anderer internationaler Wissenschaftsprogramme der UNESCO durchgeführt werden. Besonders hervorzuheben sind die Bemühungen der „Zwischenstaatlichen Ozeanographischen Kommission" (IOC), des „Internationalen Hydrologischen Programms" (IHP) und des „Internationalen Geologischen Korrelationsprogramms" (IGCP). Aktivitäten bezüglich der Umwelterziehung, wie z. B. die MAB-Poster-Ausstellung „Ökologie in Aktion", werden in enger Zusammenarbeit mit dem „UNESCO/UNEP International Environmental Education Programme" (IEEP) (Internationales Umwelterziehungsprogramm) sowie der Ausbildungsabteilung der UNESCO durchgeführt.

2.3 Das MAB-Programm in Deutschland

2.3.1 Das MAB-Nationalkomitee

Das Deutsche Nationalkomitee wurde 1972 gegründet und der Vorsitz dem Bundesministerium des Innern (BMI), seinerzeit federführendes Ressort für den Umweltschutz, übertragen. Mit der Gründung des Bundesministeriums für Umwelt, Naturschutz und Reaktorsicherheit (BMU) in 1986 ging dieser auf das neue Haus über. 1976 übernahm MinR Wilfried Goerke (BMI/BMU) den Vorsitz von MinDirig Peter Menke-Glükkert (BMI). Seit Oktober 1992 ist RD Dr. Andreas von Gadow (BMU) Vorsitzender des MAB-Nationalkomitees.

Das MAB-Nationalkomitee hat folgende Aufgaben:
— Entwicklung und Fortschreibung des nationalen MAB-Beitrages zum internationalen Programm;
— Wissenschaftliche Betreuung des deutschen Beitrages zum MAB-Programm (national und international);
— Identifikation neuer MAB-relevanter Themenkomplexe;
— Durchführung der deutschen MAB-Forschung;
— Beratung der Bundesregierung im Bereich der UNESCO/MAB-Politik;
— Förderung des interdisziplinär angelegten MAB-Programms durch Vorträge und Publikationen;
— Durchführung von MAB-Tagungen, -Workshops oder -Symposien;
— Inhaltliche und organisatorische Unterstützung seines Vorsitzenden;
— Betreuung ausländischer Wissenschaftler in der Bundesrepublik Deutschland.

Das Deutsche MAB-Nationalkomitee konstituierte sich am 7. September 1972 im Auswärtigen Amt (AA). Seitens der Wissenschaft wirkten u. a. Prof. Dr. Heinz Ellenberg (Göttingen), Prof. Dr. Hermann Flohn (Bonn), Prof. Dr. Walter Manshard (Freiburg i.Br.), Prof. Dr. Gerhard Olschowy (Bonn), Frau Prof. Dr. Lore Steubing (Gießen) und Prof. Dr. Bernhard Ulrich (Göttingen) mit. Entsprechend dem MAB-Ansatz sollte nicht die Bearbeitung medienspezifischer Umweltprobleme im Mittelpunkt von MAB stehen, sondern die Anregung und Durchführung problemorientierter Umweltforschung. Neben der Mitarbeit an der Lösung nationaler Probleme wurde ausdrücklich die aktive Teilnahme Deutschlands an internationalen Projekten beschlossen. Verwiesen sei auf die verschiedenen deutschen MAB-Projekte im Ausland (vgl. Kap. 3.3).

Stand im Mittelpunkt der Anfangsphase vor allem das Identifizieren von zu behandelnden Grundsatzfragen und die Erarbeitung erster Ansätze zur Erfassung ökosystemarer Fragestellungen, begann MAB von 1976 bis 1986 mit der inhaltlichen Umsetzung der entwickelten Modelle. Zu nennen wären u. a. das „Sensitivitätsmodell" von Prof. Dr. Frederic Vester und Dr. Alexander von Hesler und die Arbeiten im Rahmen des Berchtesgadener MAB-Projektes (Prof. Dr. Wolfgang Haber).

In der 3. Phase (1986—1991) stand vor allem die Übertragung der in den o. g. Vorhaben gewonnenen Erkenntnisse auf neue Untersuchungsräume im Vordergrund. Die MAB-Projekte in Kiel (Prof. Dr. Otto Fränzle),

Osnabrück (Prof. Dr. Helmut Lieth) und Göttingen (Prof. Dr. Bernhard Ulrich) sowie die Ausweisung von Biosphärenreservaten sind hier zu nennen.

Im November 1991 berief Bundesumweltminister Prof. Dr. Klaus Töpfer das neue, erweiterte Deutsche Nationalkomitee. Entsprechend des ökosystemaren Ansatzes besteht es aus Wissenschaftlern verschiedener umweltrelevanter Fachrichtungen (28) sowie Vertretern der Fachressorts des Bundes (AA, BMBW, BMBau, BMF, BMFT, BML, BMU, BMZ) und der Länder (Bayern, Brandenburg und Rheinland-Pfalz) sowie Repräsentanten der Bundesanstalt für Gewässerkunde (BfG), der Bundesforschungsanstalt für Naturschutz und Landschaftsökologie (BFANL), der Deutschen Forschungsgemeinschaft (DFG), der Deutschen UNESCO-Kommission (DUK), des Deutschen Wetterdienstes (DWD) und des Umweltbundesamtes (UBA).

2.3.2 Die MAB-Geschäftsstelle

Das BMU hat für das Nationalkomitee eine Geschäftsstelle eingerichtet. Bis Ende 1989 war die Geschäftsstelle am Institut für Wirtschaftsgeographie der Universität Bonn angesiedelt. Seit Januar 1990 ist sie eine eigenständige Organisationseinheit innerhalb der Bundesforschungsanstalt für Naturschutz und Landschaftsökologie (BFANL) in Bonn-Bad Godesberg. Sie hat folgende Aufgaben:

— Führung der Geschäfte des Nationalkomitees und seines Vorsitzenden;
— Koordination und Mitwirkung bei der Entwicklung und Fortschreibung des deutschen Programmbeitrages und bei der Forschungsdurchführung;
— Beratung der Bundesregierung im Bereich der UNESCO/MAB-Politik;
— Mitwirkung und Vertretung der Bundesregierung in Fachgremien der UNESCO;
— Vertretung des MAB-Programms in nationalen und internationalen Gremien;
— Betreuung der 12 Biosphärenreservate in Deutschland;
— Harmonisierung der Entwicklung der Biosphärenreservate in Deutschland;
— Geschäftsführung der „Ständigen Arbeitsgruppe Deutscher Biosphärenreservate";

- Koordination der Zusammenarbeit mit MAB-relevanten Institutionen (DUK, IHP, ATSAF etc.);
- Öffentlichkeitsarbeit und Veröffentlichungen zum MAB-Programm;
- Vorbereitung der im BMU anfallenden MAB-relevanten Geschäfte;
- Zusammenarbeit mit MAB-relevanten Ressorts.

Hierzu gehören Tätigkeiten wie:
- Durchführung der Sitzungen des Nationalkomitees (1- bis 2mal jährlich) sowie der 4 Arbeitsgruppen des Nationalkomitees;
- Bereitstellung von Arbeitsstrukturen für die Programmentwicklung und -fortschreibung, u. a. durch Betreuung von und Mitwirkung in MAB-Arbeitsgruppen;
- Inhaltliche Planung und organisatorische Durchführung von Statusseminaren zu MAB-Projekten, (internationalen) Forschungsplanungs- und Koordinationssitzungen;
- Inhaltliche und organisatorische Unterstützung der MAB-Arbeit des Vorsitzenden und der Mitglieder des Nationalkomitees;
- Planung und Durchführung von MAB-Veranstaltungen;
- Mitwirkung bei der Mittelbeschaffung für Projektförderung durch Dritte (z. B. Ressorts, DFG, GTZ, DSE);
- Erstellung und Abstimmung fachlicher Beiträge für die Vertretung von MAB in anderen Gremien, schwerpunktmäßig:;
  - ○ Generalkonferenz UNESCO;
  - ○ Internationaler Koordinationsrat für MAB (ICC);
  - ○ Fachausschuß Naturwissenschaften der Deutschen UNESCO-Kommission (DUK);
  - ○ bi- und multilaterale Zusammenarbeit des MAB-Nationalkomitees;
  - ○ andere staatliche und nichtstaatliche Programme (u. a. IHP);
  - ○ Umweltforschungsprogramme des Bundes und der Länder;
- Herausgabe der Schriftenreihe „MAB-Mitteilungen" und Sonderpublikationen zum MAB-Programm;
- Konzeptionelle Vorbereitung und Durchführung von Informations-/Öffentlichkeitsarbeit u. a. in Vorträgen, Aufsätzen, Ausstellungen, Fortbildungsveranstaltungen.

3. Der deutsche Beitrag zum MAB-Programm 1990—1992

Im Jahre 1972 entschieden die Vertreter der für Umweltfragen zuständigen Bundesressorts, daß die Bundesrepublik Deutschland einen Beitrag zum MAB-Programm leisten solle und daß die Teilnahme am Programm Aufgabe der Bundesregierung sei.

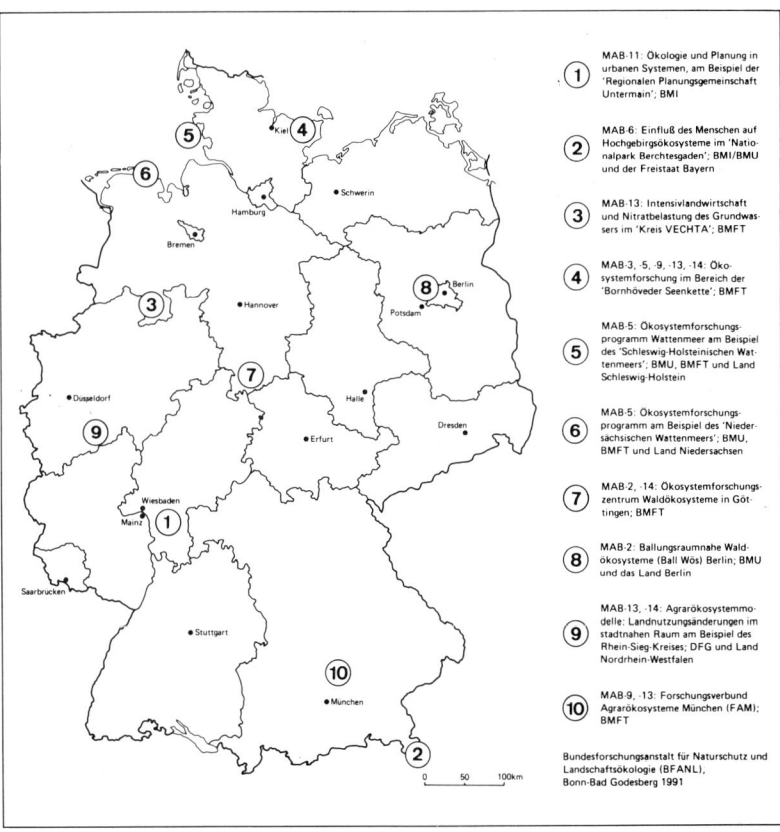

Fig. 2: Die nationalen Beiträge der Bundesrepublik Deutschland zum MAB-Programm

Abweichend von den bis zu diesem Zeitpunkt weitestgehend medienbezogenen Forschungsaktivitäten sollten die MAB-Beiträge interdisziplinär angelegt sein. Grundlegend für die neue Problemlösungsstrategie war die Annahme, daß es im ökosystemaren Gefüge naturgesetzliche Abhängigkeiten gibt, die einer — in Modellen darzustellenden — Systematik folgen. Dieser Ansatz setzt eine Loslösung von der linearen Ursache-Wirkung-Betrachtungsweise voraus. Stattdessen dienen biokybernetische Strukturmodelle als Basis zur Beschreibung ökosystemarer Zusammenhänge.

3.1 Die nationalen Projektbeiträge

Bereits 1972 begann das Deutsche MAB-Nationalkomitee mit der Konzeption von nationalen Beiträgen (vgl. Fig. 2). Zentral stellte sich das Problem, wie die Lücke zwischen einer umfangreichen, komplexen Datenbasis einerseits und deren Nutzung zum Zwecke einer rationalen Umweltplanung andererseits geschlossen werden kann. Das erste deutsche MAB-Projekt „Ökologie und Planung in Verdichtungsgebieten" (MAB 11) schuf hierzu grundlegende Lösungsansätze, die für alle folgenden MAB-Vorhaben orientierende Bedeutung hatten.

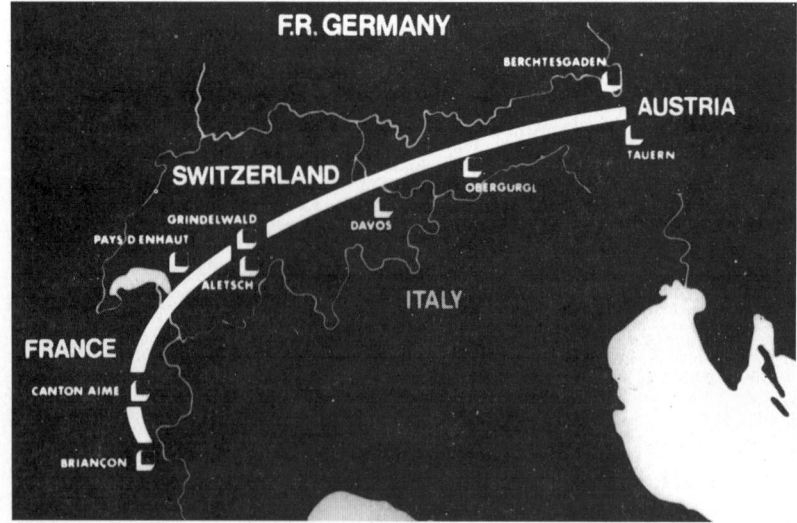

Foto 1: Europäische MAB-Zusammenarbeit im Hochgebirge (UNESCO)

Bereits abgeschlossen sind die folgenden Projekte:
○ MAB-11-Projekt: „Ökologie und Planung in urbanen Systemen, am Beispiel der ‚Regionalen Planungsgemeinschaft Untermain' "; BMI
○ MAB-6-Projekt: „Einfluß des Menschen auf Hochgebirgsökosysteme im ‚Nationalpark Berchtesgaden' "; BMI/BMU und der Freistaat Bayern (vgl. Foto 1)
○ MAB-13-Projekt: „Intensivlandwirtschaft und Nitratbelastung des Grundwassers im Kreis Vechta"; BMFT

Die laufenden Vorhaben werden im folgenden zusammenfassend dargestellt.

3.1.1 „Ballungsraumnahe Waldökosysteme (BallWös)" in Berlin (MAB-2)

Seit Anfang 1986 führt das Bundesministerium für Umwelt, Naturschutz und Reaktorsicherheit (BMU) gemeinsam mit dem Senator für Stadtentwicklung und Umweltschutz Berlin das Forschungs- und Entwicklungsvorhaben „Ballungsraumnahe Waldökosysteme (BallWös)" durch. Im Vordergrund der Untersuchungen steht die Erforschung der komplexen Wirkungsbeziehungen im Ökosystem Wald, die Erarbeitung und Absicherung des erforderlichen Grundlagenwissens für eine standortgerechte, nachhaltig angelegte Waldsanierung und die beispielhafte Entwicklung eines entsprechenden Maßnahmenprogramms. Besonderes Augenmerk gilt den auf dem Luftweg eingetragenen Schadstoffen, dies vor allem auch im Hinblick auf generelle Empfehlungen für wirkungsvollere Depositionsbegrenzungen. Der Untersuchungsstandort Berlin wurde gewählt, da die Zunahme der Waldschäden in Berlin, hauptsächlich die rasch anwachsenden Schäden an der Hauptbaumart Kiefer, besorgniserregende Ausmaße erreicht hatte. Seit 1990 (bis 1995) wird das Projekt durch Eigenmittel des Landes Berlin fortgeführt. Neben den schon beteiligten Instituten der TU und FU Berlin besteht eine enge wissenschaftliche Zusammenarbeit mit der Forstwissenschaft in Eberswalde-Finow.

Teilprojekt: Bodenbiologische Dynamik immissionsbelasteter Forsten (Institut für Zoologie, AG Bodenzoologie und Ökologie)

Mitwirkende Personen: 1 Prof. (Prof. Dr. Gerd Weigmann), 5 wiss. Mitarb., 5 Diplomanden, ca. 5 Praktikanten (im zeitlichen Wechsel)

Arbeitsschwerpunkte der letzten 2 Jahre: Seit 1986 wird im interdisziplinären Forschungsprojekt, gefördert vom UBA und dem Berliner Senat, u. a. eine Bestandsaufnahme verschiedenster Bodentier-Gruppen vorgenommen, die im Vergleich verschiedener Waldflächen die Belastung durch Schadstoffeinträge aus dem urban-industriellen Komplex Berlins für die Berliner Wälder abschätzen helfen soll. In den letzten zwei Jahren wurde einerseits ein regionaler Vergleich der Faunen, des Streuabbaus und der Schwermetallbelastung im Belastungsgebiet Berlins mit Umlandstandorten vorgenommen, andererseits wurden Freilandexperimente (Mesokosmen) zur Reaktion der bodenbiologischen Streuabbauprozesse auf stoffliche Belastungen durchgeführt.

Ergebnisse: Die Bodenfauna hat sich als sehr artenreich erwiesen. Hinweise auf wesentliche Störungen der Bodenfauna und ihrer ökologischen Leistung ergaben sich nur lokal, z. B. an hochbelasteten Forstsäumen der Avus. Allgemein ist die Schwermetallbelastung auch in Bodentieren hoch, insbesondere in Laubstreu-konsumierenden Regenwürmern, Asseln und Enchytraeiden (Kleinringelwürmer). Die Streuschicht erweist sich als „Knotenpunkt" der Nährstoff- und Schadstoff-Flüsse vom Laubfall und aus der Atmosphäre hin zu den Wurzeln. Der durch Mikroorganismen und Tiere betriebene Streuabbau stellt einen komplexen und sensiblen Prozeß in Wäldern dar. Der Berliner Großraum kann insgesamt als belastet eingestuft werden. Die stofflichen Einträge können aufgrund der Experimente als hemmend auf stoffliche Umsätze am Boden angesehen werden.

Teilprojekt: Bodenkundlicher Forschungsteil (Institut für Ökologie, AG Bodenkunde)

Mitwirkende Personen: 1 Professor (Prof. Dr. Manfred Renger), 4 wissenschaftl. Mitarbeiter, 3 Diplomanden, 10 Praktikanten bzw. stud. Hilfskräfte

Arbeitsschwerpunkte der letzten 2 Jahre:
a. Nährstoff und Schadstoffdynamik von Rostbraunerden unter Kiefernforst: Messung der Stoffflüsse im Waldökosystem Grunewald (Kompartimentmodell nach ULRICH) in einem Altbestand, sowie einem Jungbestand (teilweise gekalkt), zum Zwecke der Charakterisierung der bodenchemischen Eigenschaften, der Quantifizierung der Stoffeinträge, der Ermittlung von Stoffumsätzen im Boden und Identifizierung rele-

vanter Einflußgrößen, der Erstellung von Elementbilanzen und der Erfassung von Auswirkungen der Kalkung/Düngung und deren Bewertung als Sanierungsmaßnahme. Weiter werden in einem Großlysimeterversuch im Labor Untersuchungen (unter der Praemisse, den Einfluß der Kalkung zu erfassen) zur organischen Substanz durchgeführt, zu den qualitativen und quantitativen Veränderungen (Formen, Zusammensetzung, Funktion, Abbau, Mineralisierung, Mobilisierung in Zeit-/Tiefenfunktion und Auswirkungen auf den Bodenchemismus); zu Bindungsformen der Nährstoffe, Schwermetalle und des Aluminiums sowie zur Klärung der Puffermechanismen im Boden.

b. Regionalisierung von Wasserhaushaltsparametern und Stoffflüssen in Kiefernforsten: Messung der Kenngrößen des Bodenwasserhaushaltes (Wasserspannung, Wassergehalt) auf den Versuchsflächen im Grunewald zur Identifizierung möglicher Streßfaktoren (Trockenstreß), Beschreibung der Nährstoffflüsse und Grundlage der Nährstoffbilanzierung. Desweiteren Durchführung eines Tracerversuchs und Erhebung bodenphysikalischer Meßgrößen auf einem Transekt zur Erfassung der räumlichen Variabilitäten von Meßgrößen in Abhängigkeit vom Standort zur Verbesserung der flächenhaften Bilanzierung von Wasser- und Stoffflüssen und Klärung der räumlichen und zeitlichen Wasserbewegung im Boden (z. B. bevorzugter Fließbahnen), sowie deren Variabilität.

c. Boden- und Bestandeskennwerte von Kiefern- und Eichenstandorten im Raum Berlin: Durchführung regionaler bodenökologischer Untersuchungen auf 15 Eichen- und 19 Kiefernstandorten in den Berliner Forsten und 5 Umlandstandorten. Zur Analyse von Zusammenhängen zwischen Standortfaktoren und Baumschäden werden hinsichtlich der Differenzierbarkeit folgende Bodendaten erhoben: pH-Werte, Humusgehalte, C/N, Pufferung, Austauscherbelegung, Schwermetalle und Textur. Geklärt werden soll die Bedeutung einzelner bodenökologischer Merkmalsgruppen für den Benadelungs-/Belaubungsgrad sowie die Zuwachsleistung der Eichen- und Kiefernbestände.

Umsetzung der Ergebnisse: Von den vielen bisherigen Erkenntnissen sollten Erwähnung finden,
— die Abhängigkeit der Kennwerte des Wasserhaushaltes von der Bestandesstruktur,
— daß der Bodenwasserhaushalt der wesentliche wachstumslimitierende Faktor auf diesen Standorten ist,

- die Schadensymptome in trockenen Jahren auf trockenen Standorten verstärkt auftreten,
- daß sowohl der Stickstoff als auch die Schwermetalle im Ökosystem akkumulieren,
- die Erkenntnis, daß der Großteil des potentiellen Säureeintrags in der Atmosphäre gepuffert wird (60-90%), somit größte Sorgfalt und Gleichmaß bei der Reduktion der basischen Stäube und potentiellen Säurebildner in der Atmosphäre angesagt ist,
- seit Mitte 1990 ein dramatischer Rückgang der Schwefel- und Kalziumeinträge.

Als vorerst wichtigstes Ergebnis erscheint die Erkenntnis, daß die Auswirkungen der Kalkungs-/Düngungsmaßnahme das Ökosystem Grunewald so stark stören (instabilisieren), daß die Meliorationsmaßnahme durch das stärkere Gewicht der impliziten negativen Folgen gegenüber den positiven für diesen Standort nicht geeignet erscheint. Diese Empfehlung des Projekts wurde von den Berliner Forsten aufgegriffen.

Anschrift: Prof. Dr. R. Bornkamm
Institut für Ökologie, Fachgebiet Botanik, TU Berlin
Rothenburgstr. 12, D-W-1000 Berlin 41
Tel.: (0 30) 3 14 71 35 50, Fax: (0 30) 31 47 13 24

3.1.2 „Ökosystemforschungszentrum Waldökosysteme" in Göttingen (MAB-2, -14)

Anknüpfend an die in Göttingen vorliegenden langfristigen Erfahrungen in der Ökosystemforschung, nicht zuletzt auch im Rahmen des IBP — das Solling-Projekt stand unter der Leitung von Prof. Ellenberg (Göttingen) — wird seit 1988 im Rahmen der vom BMFT geförderten Errichtung von Ökosystemforschungszentren das „Forschungszentrum Waldökosysteme" aufgebaut. Das Forschungsprojekt ist 1989 in das MAB-Programm aufgenommen worden. Der Forschungsansatz ist auf die kausale Deutung der Wirkungen ausgerichtet, die Stoffeinträge und Bewirtschaftung auf Waldökosysteme haben und die über Stoffausträge von Waldökosystemen auf ihre Umgebung ausgehen. Ein kausales Verständnis dieser Wirkungen ist Voraussetzung

- für die Ausweisung von Belastungsgrenzen (z. B. durch Luftverunreinigungen),

Foto 2: Bodenphotoeklektor zur Erfassung von Bodentieren, die aus der Boden- und Streuzone in die Vegetationsschicht überwechseln (Stratenwechsler) (Ökosystemforschungszentrum Göttingen)

— für die Herleitung von Maßnahmen zur Stabilisierung destabilisierter Waldökosysteme und deren Bewirtschaftung unter Gewährleistung der Nachhaltigkeit und
— für die Vermeidung nachhaltiger Umweltwirkungen auf Waldökosysteme (z. B. auf die Wasserqualität).

Mitwirkende Institutionen und Personen: In diesem interdisziplinären Forschungsvorhaben sind Institute aus mehreren Fachbereichen der Universität Göttingen, Arbeitsgruppen der Gesamthochschule Kassel, Arbeitsgruppen der Niedersächsischen Forstlichen Versuchsanstalt und Hessischen Forstlichen Versuchsanstalt sowie Wissenschaftler anderer Universitäten beteiligt.

Arbeitsschwerpunkte der letzten 2 Jahre: Das Vorhaben besteht aus 66 Teilprojekten. Beteiligt sind 26 Professoren, 17 promovierte Mitarbeiter in Planstellen, 31 promovierte Mitarbeiter, die aus Drittmittel finanziert werden, 39 Doktoranden/innen, ca. 70 Diplomanden/innen und 55 technische Mitarbeiter. Die Projekte gruppieren sich um eine zentrale Ausgangshypothese über die Bedingungen und die Dynamik des Stoffhaushaltes von Wäldern. Für terrestrische Ökosysteme kann ein idealer Zustand definiert werden, der sich durch eine Stoffhaushaltsgleichung beschreiben läßt, wobei Organismen als Senken und Quellen für CO_2, H_2O, Kationen, Anionen, Protonen und Energie wirken. Für das Ökosystem lassen sich Subsysteme definieren, an deren Grenzflächen sowie den Grenzflächen zur Umwelt des Ökosystems („Schnittstellen") Stoffflüsse und Energieflüsse meßbar sind. Messung der Stoffflüsse, Auffinden der zugrundeliegenden Steuerungsmechanismen und die Erfassung von Veränderungen der Waldökosysteme (instationäre Zustände) sind Inhalte der Forschungsprojekte. Folgende Schnittstellen wurden betrachtet:
1. Blatt + Rinde + Boden + Gewässeroberfläche/Atmosphäre;
2. Wurzel/Bodenmikroflora + gelöster Ionenpool (Bodenlösung);
3. Sekundärproduzenten (Zersetzer, Pflanzenfresser)/Nahrungsquelle + Boden (Lösung);
4. Bodenlösung/Bodenfestphase;
5. Ökosystem/Hydrosphäre. Weitere Themen waren die Wirkung von Stoffeinträgen, Veränderungen im Subsystem Vegetation (Bestand), Wurzel-Leitsysteme-Kronen-Interaktionen; Genetik/Umweltanpassung.

In Stoffbilanzfallstudien (darunter z. B. eine experimentelle Manipulation des Wasser- und Ionenhaushaltes eines Fichtenökosystems im Solling als „Dachversuch") wurden Forschungsaktivitäten besonders gebündelt. Begleitet wird das Vorhaben von der Entwicklung theoretischer Modelle im Detail und für das Gesamtsystem. Prognosemodelle sollen Planungshilfen und Bewertungsansätze liefern.

Ergebnisse: Aus diesen Forschungsschwerpunkten ergab sich eine Fülle von Ergebnissen über die Steuerung von Stoffflüssen in Waldökosystemen und die Auswirkung anthropogen bedingter Veränderungen (Versauerung, Auflichtung, Melioration). Dabei hat sich die Erkenntnis verdichtet, daß der Umfang nichtlinearer Prozesse in der Veränderungsdynamik von Ökosystemen eine präzise Ableitung von Stoffflußänderungen an den Schnittstellen nicht gestattet. Die Ergebnisse sind im Detail dargestellt in: Berichte des Forschungszentrums Waldökosysteme, Reihe B, 26 und 27 (1991) (Jahreszwischenbericht 1990 Teil A, B); 31 (1992) (Zwischenbericht von 1989 bis 1991).

Umsetzung der Ergebnisse: Die Erkenntnisse fließen ein in den Aufbau eines forstlichen Informationssystems, das Richtschnur sein sollte für das Management von Wäldern.

Anschrift: Prof. Dr. Matthias Schaefer
II. Zoologisches Institut, Abt. Ökologie
Universität Göttingen
Berliner Straße 28, D-W-3400 Göttingen
Tel.: (05 51) 39-54 45, Fax: (05 51) 39-54 48

3.1.3 „Ökosystemforschung im Bereich der Bornhöveder Seenkette" (MAB-3, -5, -9, -13, -14)

Seit 1989 arbeiten im Bereich der „Bornhöveder Seenkette" 26 Arbeitsgruppen aus den Universitäten Kiel und Hamburg, dem Max-Planck-Institut für Limnologie in Plön und dem Deutschen Wetterdienst mit verschiedenen Landesinstitutionen interdisziplinär zusammen. Das Projekt hat die Aufgabe, Wechselwirkungen im ökosystemaren Gefüge sowie die Dynamik von Prozessen zu untersuchen. Diese Arbeiten sind so konzipiert, daß sie „repräsentativ" und damit für weite Teile des norddeutschen Raumes verallgemeinerbar sind. Neben der dafür erforderlichen Erhebung ökologischer Parameter werden auch sozio-ökonomische Daten flächendeckend für das Einzugsgebiet der Seenkette aufgenommen. Ihre Verarbeitung erfolgt auch in diesem Projekt durch ein Geographisches Informationssystem. Ziel dieses vom Bundesministerium für Forschung und Technologie geförderten und mit den Arbeiten des BMU (u. a. Ökosystemare Umweltbeobachtung, ÖUB) abgestimmten MAB-Projektes ist es, Folgen menschlicher Eingriffe auf naturnahe Ökosysteme und Agrarökosysteme sowie Folgen des terrestrischen Stoffhaushalts auf aquatische Ökosysteme zu ermitteln und prognostizieren. Auf diese Weise soll Umweltplanern ein verbessertes Instrumentarium für eine menschen- und umweltgerechte rationale Entscheidungsfindung bereitgestellt werden.

Mitwirkende Institutionen und Personen: Das gesamte am Bornhöved Projekt beteiligte Personal umfaßt 70 Wissenschaftler, 20 Techniker und etwa 150 wissenschaftliche Hilfskräfte, von denen etwa die Hälfte Diplomarbeiten anfertigt.

Arbeitsschwerpunkte der letzten 2 Jahre: Die allgemeinen Aufgabenstellungen der vom Bundesminister für Forschung und Technologie sowie dem Land Schleswig-Holstein im Hauptforschungsraum „Bornhöveder Seenkette" geförderten Langfristuntersuchungen entsprechen dem von ELLENBERG/FRÄNZLE/MÜLLER (1978) entwickelten Programm einer vergleichenden Ökosystemforschung. Sie stellt den Kernbereich eines umfassenden ökologischen Informationssystems für die Bundesrepublik Deutschland dar, dessen beide anderen Komponenten die integrierte Umweltbeobachtung und -bewertung sowie eine Umweltprobenbank sind. Dementsprechend erstrecken sich die allgemeinen Forschungsziele des Bornhöved-Projekts auf die

— Erfassung und Modellierung der Struktur und Dynamik repräsentativer Forst-, Acker- und Grünlandökosysteme sowie von Seen und Fließgewässern unterschiedlichen Belastungsgrades,
— Untersuchung des natürlichen Gleichgewichtszustandes und der Belastbarkeit von Kompartimenten und ganzen Ökosystemen gegenüber äußeren und inneren Störungen,
— Bestimmung und Modellierung der Beziehung zwischen Diversität (i. S. von Taxon- und Biotopvielfalt), Produktivität, Stabilität und Resilienz.

Diese Zielsetzungen verknüpfen — in Hinblick auf die Analyse terrestrischer Ökosysteme — das Bornhöved-Projekt mit den Arbeiten der Ökosystemforschungszentren Göttingen (Forschungszentrum Waldökosysteme), Bayreuth (Bayerisches Institut für Terrestrische Ökosystemforschung) und dem Forschungsverbund Agrarökosysteme München. Beziehungen bestehen ferner zum MAB-6-Projekt Berchtesgaden, dem Bodenseeprojekt der Universität Konstanz sowie den Forschungen in den Nationalparks Niedersächsisches und Schleswig-Holsteinisches Wattenmeer. Entsprechend der entwicklungsgeschichtlich begründeten komplizierten Struktur des Untersuchungsgebietes tritt zu den oben genannten allgemeinen Aufgabenstellungen eine Reihe spezieller:

— Erfassung der Wechselwirkung zwischen aquatischen und terrestrischen Ökosystemen unterschiedlicher Struktur und Nutzung,
— Erarbeitung der standörtlich differenzierten Beziehung zwischen den einzelnen Seen und ihrem Umland,
— Überprüfung der räumlichen Extrapolationsmöglichkeiten von partiellen und integrierten Ökosystemmodellen durch die Kombination von Standortmessungen und geographischem Informationssystem,
— Ökotoxikologische Untersuchungen durch ökologische Kataster und Experimente zur Bestimmung des Verhaltens von Umweltchemikalien,
— Untersuchungen zur Effizienz von Umwelt- und Naturschutzmaßnahmen,
— Paläoökologische Charakterisierung des Untersuchungsraumes seit Ende der letzten Eiszeit als umfassende Grundlage der aktuoökologischen Forschungen.

Forschungsstruktur und -ergebnisse: Formalisierter Ausgangspunkt der Forschung ist eine fünfstufige Hypothesenhierarchie, die aus den für die Ökologie relevanten Basistheorien abgeleitet ist. Der Hypothesenhierarchie entspricht im Zuge des Verifikationsprozesses eine zunehmend ausgebaute Modellhierarchie. Sie beginnt forschungslogisch mit der Entwicklung graphentheoretisch formulierter Partialmodelle (Konzeptmodelle), die dem empirischen Hypothesensystem entsprechen und die jeweils relevanten Zusammenhänge auf der Kausal- und Verhaltensebene in einer Konnektivitätsmatrizen äquivalenten Weise beschreiben. Bei der Quantifizierung der Basismodelle können die aufeinanderfolgenden Stufen des Korrelations-, Regressions- und Simulationsmodells unterschieden werden. Ein Problemfeld eigener Art stellt in mathematischer wie faktischer Hinsicht die Koppelung der zunächst entwickelten Partialmodelle dar, denn die Erfahrungen der Vergangenheit haben gezeigt, daß die Versuche, komplexe Simulationsmodelle in einem Zug zu entwickeln, in aller Regel aus verhältnismäßig einfachen mathematischen Gründen zum Scheitern verurteilt sind. Im folgenden werden einige Beispiele für die in den letzten beiden Jahren entwickelten Modelle unterschiedlichen Allgemeinheitsgrades angeführt.

a. Objektorientierte Modellierung von Biozönosen: Koventionelle ökologische Modelle von Pflanzen- oder Tiergesellschaften, z. B. Sukzessionsmodelle, beschränken sich häufig auf die Abbildung einer speziellen Situation oder beruhen mehr auf statistischen Verallgemeinerungen, anstatt ein kausal begründetes Abbild der Systemstrukturen und -prozesse zu liefern. Daher werden im Bornhöved-Projekt biozönotische Prozesse auf unterschiedlichen Ebenen der aut-, dem- und synökologischen Analyse beschrieben und diese Partialmodelle anschließend mit Hilfe objekt-orientierter Ansätze zu einer Modellhierarchie verknüpft.

b. Simulationsmodelle für organische Dünger: Ausgehend von traditionellen Ertragsmodellen, die den Einfluß des Temperatur- und Wasserhaushaltes sowie der Stickstoffreaktionen im Boden beschreiben, wurde ein hierarchisches Modell für die Wirkung organischer Dünger entwickelt. Es simuliert den Transport von Ammonium und organisch gebundenem Stickstoff, die Ausgasung von Ammoniak, die Mineralisierung des Düngers und die anschließende Bodenpassage der Umwandlungsprokukte. In Verbindung mit produktionsbiologischen Modellen, z. B. den CERES-Mais-Modell, liefert dieses Koppelmodell räumlich hochauflösende Aussagen über die Boden-, Pflanzen- und Grundwasserwirksamkeit organischer Dünger.

c. Flächenhafte Simulation des Bodenwasser- und Stickstoffhaushaltes: Aufbauend auf Modellansätze partikulären Charakters, wurde ein Modellsystem entwickelt, welches die Bodenwasserdynamik und die Stickstoffdynamik in Böden beschreibt und flächenhaft bilanziert. Ein wichtiges Anliegen bei der Formulierung einzelner Teilmodelle war die Beschränkung auf wenige, möglichst allgemein und flächendeckend verfügbare Eingangsparameter bei ausreichender Aussagegenauigkeit. Anhand von durchgeführten Untersuchungen zum Wasser- und N_{min}-Gehalt verschiedener Böden mit unterschiedlicher Nutzung wurde die Validität der einzelnen Modellteile überprüft. Um einen flächenhaften Modelleinsatz zu ermöglichen, wurden Verfahren zur Ableitung flächendeckender Modellparameter entwickelt, die in Verbindung mit dem „Geographischen Informationssystem" ARC INFO und dem Datenbanksystem dBASE größere Gebietssimulationen zulassen. Dabei werden die benötigten bodenphysikalischen Angaben auf der Basis der unterschiedlichen Informationsebenen der Bodenschätzung abgeleitet.

d. Simulation eines Pestizidtransportes in einer ungesättigten Bodenzone: Die Berücksichtigung von Hysterese-Effekten führte bei dem Modell LEACHP zu einer wesentlichen Verbesserung der Vorhersagegenauigkeit. Die neue Modellversion benutzt nichtsinguläre und nichtlineare Isothermen zur Beschreibung der Ad- und Desorptionsprozesse im Gegensatz zum klassischen Ansatz, der mit linearen Adsorptionsisothermen arbeitet. Die Kalibrierung und Validierung des Modellsystems belegen, daß für den Transport gelöster Herbizide im Boden Starkregenereignisse von besonderer Bedeutung sind.

e. Modellentwicklung auf der Grundlage der ‚fuzzy set logic': Im ökologischen Kontext erhobene oder verwendete Daten sind häufig unscharf. Mit Hilfe der ‚fuzzy set logic' ist es nun möglich, auch derartige Daten einer begrifflich scharfen Fassung zuzuführen und für Algorithmen verfügbar zu machen, beispielsweise Erweiterungen der Clusteranalyse. Im Rahmen dieses Schwerpunktes wurden das Modellunterstützungssystem FLECO und der Clusteransatz ECO-FLUCS entwickelt. Anwendungen erfolgten im Bereich der Modellierung des Brutverhaltens von Feldlerchen sowie der Modellierung der trockenen Deposition von Gasen und Stäuben.

Anwendung der Ergebnisse: Die Ökosystemforschung im Bornhöveder Seengebiet leistet Beiträge zu den Schwerpunkten (2), (3), (5), (9), (13) und (14) des MAB-Programms. Die einzigartigen Möglichkeiten interdisziplinärer Forschung, die das Ökosystemforschungszentrum an der Kieler Universität bietet, kommen Studierenden, Diplomanden, Doktoranden und Habilitanden in steigendem Ausmaße zugute. Dies zeigt sich nicht zuletzt in der exponentiell wachsenden Zahl von Diplom-, Doktor- und Habilitationsschriften. Das Zentrum wird darüber hinaus in größerem Umfang von Wissenschaftlern aus den ehemaligen sozialistischen Ländern und Entwicklungsländern aufgesucht, um sich mit den Methoden und technischen Möglichkeiten der modernen Ökosystemforschung vertraut zu machen. Darüberhinaus werden die Ergebnisse der Forschung der Allgemeinheit sowie Planern auf den verschiedenen Ebenen der Administration, ferner Forst- und Landwirten zur Verfügung gestellt.

Anschrift: Prof. Dr. Otto Fränzle
Ökosystemforschungszentrum Kiel
Universität Kiel
Olshausenstraße 40—60, D-W-2300 Kiel
Tel.: (04 31) 8 80 40 30, Fax: (04 31) 8 80 46 58

3.1.4 „Ökosystemforschungsprogramm Wattenmeer am Beispiel der Nationalparke Niedersächsisches und Schleswig-Holsteinisches Wattenmeer" (MAB-5)

Seit 1989 fördert das Bundesministerium für Umwelt, Naturschutz und Reaktorsicherheit gemeinsam mit dem Bundesministerium für Forschung und Technologie und den Ländern Schleswig-Holstein und Niedersachsen das MAB-Projekt „Ökosystemforschungsprogramm Wattenmeer". Die in den Nationalparken Schleswig-Holsteinisches und Niedersächsisches Wattenmeer durchgeführten Untersuchungen haben die Ziele,

— zu einem grundlegenden Verständnis des Mensch-Umwelt-Systems im Wattenmeer zu gelangen,
— Kenntnisse, die zur Lösung bzw. Entschärfung aktueller Umweltprobleme im Küstenraum erforderlich sind, bereitzustellen und
— Bewertungskriterien und Instrumentarien zu erarbeiten, mit Hilfe derer der langfristige Schutz des Ökosystems Wattenmeer verbessert werden kann.

In dem Programm werden sowohl ökologische wie auch sozio-ökonomische Teilsysteme erfaßt, um mittels eines Geographischen Informationssystems Grundlagen für eine zukunftsorientierte Umweltplanung weiterzuentwickeln bzw. zu schaffen.

Teilvorhaben: Niedersächsisches Wattenmeer

Mitwirkende Personen: Projektleitung (7 Wissenschaftler, davon 4 hauptamtlich); Vorphasen (Teil A und B: 25 Teilprojekte mit 22 hauptamtlichen Wissenschaftlern); Hauptphase A (21 Teilprojekte mit 18 hauptamtlichen Wissenschaftlern)

Arbeitsschwerpunkte der letzten 2 Jahre:

a. Durchführung der Vorphase Teil A: Erfassung, Auswertung und Bewertung (ökosystemar) früherer Wattenmeeruntersuchungen.

b. Vorbereitung und Beginn (Juni 1992) der Hauptuntersuchungsphase Teil A mit folgenden Schwerpunkten:
— Projektübergreifende Vorhaben (Projektkoordination und Integration, zentrale Logistik, numerische Modellierung, Öffentlichkeitsarbeit, Hydrographie);
— Anoxische Sedimentoberflächen („Schwarze Flecken") als Indikatoren für den ökologischen Zustand des Wattenmeeres (Biochemie, Mikrobiologie, Makrozoobenthosaktivität, bodenphysikalische Parameter);
— Miesmuschelbänke als Indikatoren für den ökologischen Zustand des Wattenmeeres (Eutrophierungsfolgen, Phytoplankton, Struktur und Funktion, Fraßdruck);
— Umweltbeobachtung und Umweltqualitätsziele (Umweltbeobachtungsstrategien für Benthos, Fische, Krebse, Artenerfassungsprogramme, Umweltqualitätsziel, Schadstoffanreicherung, Fischerei und Seevögel, Sozioökonomie).

c. Beginn der Vorphase Teil B: Maßstabsfragen vor dem Hintergrund räumlicher Inhomogenitäten und zeitlicher Variabilität, Vorbereitung Hauptuntersuchungssphase Teil B „ELAWAT" (Elastizität des Ökosystems Wattenmeer).

Forschungsstruktur und Ergebnisse der Vorphase Teil A:
— Der grundsätzliche Kenntnisstand ist gesammelt, diskutiert und zugänglich gemacht worden.
— Hinsichtlich der Grundauffassung über Struktur, Dynamik, Sensibilität und Stabilität des Wattenmeeres besteht die notwenige Einigkeit unter den Teilnehmern des Vorhabens.
— Der ökosystemare Ansatz bei vielen früheren Untersuchungen ist nicht oder nur teilweise vorhanden. Daher sind dieses Untersuchungen zwar wertvoll für Einzelprojekte, jedoch nur sehr eingeschränkt brauchbar für Ansätze der Ökosystemforschung zur Umweltbeoachtung.
— „Inhomogenität und Variabilität" sind Phänomene, die von den Vertretern aller beteiligten Fachgebiete auf ihren fachlichen Sektoren vorgefunden werden, bisher unzureichend beachtet wurden und für deren Untersuchung die methodischen Voraussetzungen bestehen.

Anwendung der Ergebnisse: in der Ökosystemforschung Wattenmeer, Teilvorhaben Schleswig-Holstein und dem trilateralen Monitoring

Teilvorhaben: Schleswig-Holsteinisches Wattenmeer

Mitwirkende Personen: Im Gesamtvorhaben arbeiten 10 Professoren, 71 wissenschaftliche Mitarbeiter (z.T. Doktoranden), 22 Diplomanden und zeitweilig bis zu 108 Praktikanten mit.

Arbeitsschwerpunkte der letzten 2 Jahre: Aus inhaltlichen und organisatorischen Gründen ist das Projekt in die zwei Arbeitsbereiche Teil A (Strukturelle Ökosystemforschung, ökologische Umweltbeobachtung; finanziert durch BMU/UBA und MNUL Schleswig-Holstein) und Teil B (Funktionale Ökosystemforschung, Prozesse, Bilanzierung; finanziert durch BMFT) konzipiert.

Im Teil A wurden 1991/92 neben dem Meßprogramm der Hauptphasenuntersuchung vor allem Monitoring-Konzepte erarbeitet, auf deren Grundlage in Zukunft ein Dauermeßprogramm im Wattenmeer installiert werden soll. Entsprechende Arbeitskreise haben Fragestellungen und umfangreiche Parameterlisten ausgearbeitet und an die zuständigen Stellen weitergeleitet.

Der Teil B befaßte sich schwerpunktmäßig mit Stofftransporten zwischen verschiedenen Strukturen des Wattenmeers. Stoffaustauschprozesse und Organismendrift bzw. -wanderungen wurden 1991 vor allem im einem Sandwatt, 1992 in einem Schlickwattgebiet untersucht.

Ergebnisse: Zur Zeit liegen aus den über 40 Teilprojekten erst Einzelergebnisse vor. Die Steuergruppe des Gesamtvorhabens arbeitet z. Zt. eine Strategie für eine synthetische Auswertung aus. Arbeitsstrukturen hierfür sind bereits installiert, in einigen Bereichen werden sie derzeit geschaffen. Eine Ergebnissynthese soll mit Hilfe von Arbeitskreisen, Workshops, interdisziplinären Symposien und einer Verknüpfung sektoraler Daten mittels zentraler Datenbank erfolgen.

Anwendung der Ergebnisse: Die Ergebnisse der ÖSF werden in verschiedenen Arbeitskreisen mit den betroffenen Nutzergruppen diskutiert und fließen in Schutz- und Managementkonzepte des Nationalparkamtes ein. U. a. sei auf folgende Aspekte hingewiesen:
— Bestandsuntersuchungen an Miesmuscheln zeigten 1991, daß diese in großen Mengen auch in tiefen Rinnen existieren. Die Fischerei konnte dahingehend beeinflußt werden, daß ökologisch wertvolle Muschelbänke im Eulitoral nicht mehr befischt und dafür sublitorale Bänke genutzt werden.

— Aufgrund der erhobenen ornithologischen Daten wurden bei St. Peter Böhl Brutgebiete von Seevögeln für den Fremdenverkehr abgesperrt.
— Für das Gebiet Westerhever wurde ein Wegekonzept erarbeitet, um die steigenden Besucherströme umweltverträglich zu lenken. Der Weg zur Hamburger Hallig soll in Zukunft für Fahrzeuge gesperrt werden.
— Die Ergebnisse zum Thema Monitoring wurden an die Trilateral Monitoring Expert Group weitergeleitet.

Anschriften: Nationalparkamt Niedersächsisches Wattenmeer
Virchowstraße 1, D-W-2940 Wilhelmshaven
Tel.: (0 44 21) 40 80, Fax: (0 44 21) 40 82 80

Nationalparkamt Schleswig-Holsteinisches Wattenmeer
Am Hafen 40a, D-W-2253 Tönning
Tel.: (0 48 61) 64 56, Fax: (0 48 61) 4 59

3.1.5 „Agrarökosystemmodelle: Landnutzungsänderungen im stadtnahen Raum am Beispiel des Rhein-Sieg-Kreises" (MAB-13, -14)

Seit April 1990 fördert das Ministerium für Umwelt, Raumordnung und Landwirtschaft (MURL) des Landes Nordrhein-Westfalen sowie die Deutsche Forschungsgemeinschaft (DFG) das interdisziplinäre Forschungsprojekt, das auf systemtheoretischen und forschungspraktischen Erfahrungen der bisher durchgeführten MAB-Projekte aufbaut und eine methodische Weiterentwicklung für Agrarökosystemmodelle anstrebt. Neben den Geographischen Instituten ist vor allem auch schwerpunktmäßig die Landwirtschaftliche Fakultät der Universität Bonn an den Arbeiten beteiligt. Ziele des Vorhabens sind:
— Erlangung eines grundlegenden Verständnisses von Struktur, Funktion und Dynamik des Verhältnisses zwischen Landwirtschaft und Umwelt im stadtnahen Raum,
— Erarbeitung von Kriterien und Indikatoren zur Bewertung dieser Verhältnisse sowie
— Erstellung von praxisorientierten Konzeptionen zur Lösung aktueller Landnutzungsprobleme.

Mitwirkende Institutionen und Personen: In dem Projekt wirken 3 Professoren (Prof. Dr. Siegfried Bauer, Inst. f. landwirtsch. Betriebslehre Uni Giessen, — früher Inst. f. Agrarpolitik Uni Bonn; Prof. Dr. Klaus-Achim Boesler, Inst. f. Wirtschaftsgeographie Uni Bonn; Prof. Dr. Jörg Grunert, Geograph. Institut Uni Bonn), 2 wissenschaftliche Mitarbeiter (Dipl. agr. Ing. Georg Reuther, Inst. f. Agrarpolitik Uni Bonn; Dipl. geogr. Maternus Thöne, Inst. f. Wirtschaftsgeographie Uni Bonn) und 4 studentische Hilfskräfte sowie mehrere, innerhalb von zeitlich begrenzten Praktika mitwirkende Studenten mit.

Arbeitsschwerpunkte der letzten 2 Jahre: Im Rahmen des Forschungsvorhabens „Entwicklung von interdisziplinären Agrarökosystemmodellen am Beispiel des Rhein-Sieg-Kreises" wurden umfassende systematische Modellkonzepte für die Analyse der ökonomischen und ökologischen Wechselwirkungen landwirtschaftlicher Nutzungen und Nut-

Foto 3: Typische Bergische Hügellandschaft. Siedlungen (hier Königswinter-Vinxel) liegen zumeist auf den Hochflächen in Höhenlagen bis 300 Meter. Probleme bereiten die Stoffeinträge (Phosphat, Nitrat etc.) durch Siedlungen und Landwirtschaft sowie die Einwaschungen in die nahegelegene Talsperre. (MAB-Projekt Agrarökosystemmodelle)

Foto 4: Altes Fachwerkgehöft südlich der Wahnbachtalsperre. Bedingt durch die Hanglagen und die hohen Niederschläge (800 bis 900 mm/a) ist die Landnutzung vorwiegend auf die Grünlandwirtschaft (Milch- und Fleischproduktion) ausgerichtet. Ökologisch wertvolle Strukturelemente wie Hecken und Obstbäume gehören in das hiesege Landschaftsbild. (MAB-Projekt Agrarökosystemmodelle)

zungsänderungen in verdichtungsnahen Räumen entwickelt. Hauptzielsetzung ist dabei die modellmäßige Abbildung und Erklärung der komplexen Zusammenhänge und Konfliktpotentiale zwischen Landwirtschaft und anderen Landnutzungsinteressen. Ein besonderes Augenmerk gilt dabei der gleichgewichtigen Betrachtung (agrar-)ökonomischer und (agrar-)ökologischer Prozesse, wodurch über das Modell abschätzende Aussagen über ökologische und agrarstrukturelle Entwicklungen im Raum gemacht werden können. Der gesamte Modellkomplex ist in verschiedene Einzelmodelle gegliedert. Das Flächennutzungsmodell soll auf Gemeindeebene die tatsächliche Flächennutzung der Vergangenheit erklären, wie auch zukünftige Nutzungsstrukturen (unter Einbeziehung verschiedener agr.-, industrie-, regional- und umweltpolitischer Szenarien) prognostizieren. Der (agrar-)ökonomische Modellteil schätzt neben den „üblichen" ökonomischen Größen wie Produktion, Faktoreinsatz und Einkommen in Abhängigkeit der technischen, ökonomischen und rechtlichen Rahmenbedingungen auch unter ökologischen Fragestellungen interessierende Größen wie Gülleaufkommen, Anbauverfahren oder Mechanisierungsgrad voraus. Aufgabe des ökologischen Modellteils ist die Abbbildung und Erklärung der Situation der verschiedenen Umweltmedien im Untersuchungsraum, insbesondere des Bodens und des Wassers. Die Nutzung von Simulationsmodellen ermöglicht, beispielsweise Aussagen über Bodenerosion und Verlagerungen von Nährstoffen und Pflanzenschutzmitteln zu treffen. Durch unterschiedliche Bewirtschaftungsszenarien können optimierte Landnutzungsverfahren ermittelt werden. Das Bewertungsmodell setzt sich aus zwei verschiedenen methodischen Ansätzen zusammen. Der erste Ansatz liefert eine kausale Zuordnung zwischen der Art der Hauptnutzung und den flächengebundenen Nutzwerten anderer Nutzer und sozialer Gruppen. So läßt sich die

Foto 5: Im westlichen Rhein-Sieg-Kreis wird auf den fruchtbaren Lößböden intensiver Marktfruchtanbau betrieben. Von großer überregionaler Bedeutung sind ebenso die ausgedehnten Obst- und Sonderkulturflächen zwischen Meckenheim und Bornheim. (MAB-Projekt Agrarökosystemmodelle)

Umweltwirkung einzelner Nutzungsformen bestimmen und in ein Bewertungsschema integrieren. In einem zweiten Ansatz wird das Ziel einer monetären Bewertung durch die Ermittlung der Kosten und Nutzen unterschiedlicher Landschaftsszenarien verfolgt. Hierbei werden neuere Methoden zur volkswirtschaftlichen Umweltbewertung herangezogen und auf kleinräumige Anwendbarkeit untersucht.

Ergebnisse: Im Verlauf des letzten Jahres konnten die verschiedenen Modellkomponenten an zwei Testgebieten auf ihre Anwendbarkeit untersucht und spezifiziert werden. Dazu wurden zwei Gemeinden des Rhein-Sieg-Kreises ausgewählt und die jeweils relevanten statistischen Daten über Datenbanken, Befragungen und im Falle der ökologischen Fragestellung durch intensive Boden- und Bodennutzungsuntersuchungen erhoben. Für die nächste Projektphase ist die Ausdehnung der Untersuchungsflächen auf weitere fünf Testgemeinden vorgesehen. Dabei soll die Modellanwendung für Gemeinden unterschiedlichster naturgegebener und ökonomischer Ausprägung untersucht werden.

Umsetzung der Ergebnisse: Eine Übertragung der Ergebnisse auf andere Regionen oder Untersuchungsgebiete hat bislang nicht stattgefunden.

Anschrift: Prof. Dr. Klaus-Achim Boesler
Institut für Wirtschaftsgeographie der Universität Bonn
Meckenheimer Allee 166, D-W-5300 Bonn 1
Tel.: (02 28) 73 72 38, Fax: (02 28) 73 75 06

3.1.6 „Forschungsverbund Agrarökosysteme München" (FAM), Klostergut Scheyern/Bayern (MAB-13)

Im November 1988 schlossen sich sechs Forschungsgruppen des Forschungszentrums für Umwelt und Gesundheit (GSF) in München/Neuherberg und elf Institute der TU München in Freising-Weihenstephan zum „Forschungsverbund Agrarökosysteme München" (FAM) zusammen. Mit der langfristigen Pachtung (15 Jahre) des Klostergutes Scheyern (ca. 150 ha) im tertiären Hügelland bei Pfaffenhofen/Ilm steht ein idealer Landschaftsausschnitt für kontrollierte Langzeitstudien zur Verfügung. Er weist die Merkmale einer belasteten Agrarlandschaft auf (Erosion, Verdichtung, Grundwasserbelastung, geringer Anteil an Ausgleichsflächen, Artenarmut) und ist somit für das Vorhaben besonders geeignet. Ziel des FAM ist es, Ansätze zu erarbeiten, die es erlauben, die Erhaltung und Regenerierung der abiotischen und biotischen Lebensgrundlagen der Agrarlandschaft mit deren Landnutzung zu vereinen. Die zu untersuchenden Systeme gehen von Laborsystemen (Mikrokosmen) über die Modellökosysteme (Lysimeter, Teiche, Expositionskammern) bis zur Agrar-Landschaft. Als methodische Ansätze werden neben der ökologischen Prozeßanalyse sowie der mathematischen Analyse und Simulation von Prozessen vor allem Langzeitstudien an ausgewählten Nutzungssystemen auf dem Klostergut Scheyern verwendet. Ziel des Vorhabens ist die räumliche Neuordnung des Untersuchungsgebietes auf der Basis der ökologischen Gegebenheiten und den Anforderungen einer praxisorientierten Landbewirtschaftung. Hierzu gehört die Planung

— der räumlichen Verteilung, Form und Größe flächenhafter und linearer „ökologischer Ausgleichsflächen",

— von Maßnahmen zur Anlage neuer oder zur Ergänzung bzw. Erweiterung schon vorhandener Parzellen und Strukturen,

Foto 6: Klostergut Scheyern; Teufelsweiher von Süden (Kainz)

— Die Einbettung der künftigen landwirtschaftlichen Nutzfläche hinsichtlich Lage, Form, Bewirtschaftungssystem.

Mitwirkende Institutionen und Personen: In der Aufbauphase des FAM von 1990 bis 1992 waren federführend die Technische Universität München-Weihenstephan und das GSF-Forschungszentrum für Umwelt und Gesundheit Neuherberg beteiligt, wobei 13 bzw. 3 Institute oder Lehreinheiten mit insgesamt 16 Professoren in 24 Teilprojekten mitwirkten. Neben 40 wissenschaftlichen Mitarbeitern arbeiteten 25 Diplomanden, 5 Praktikanten und Zivildienstleistende mit.

Arbeitsschwerpunkte der letzten 2 Jahre: Während der Aufbauphase wurde die technische, personelle und administrative Infrastruktur weitgehend eingerichtet. Dabei wurde auch die Voraussetzung für die Datenerfassung im Feld, den Datentransfer, die Datenhaltung und -auswertung geschaffen. In den Arbeitsschwerpunkten „Ober- und unterirdische Biomasse", „Boden- und Bodenprozesse", „Artendiversität und Populationsdynamik", „Stoffein- und austräge" und „Wirtschaft und Soziales" wurde der Ist-Zustand des FAM-Versuchsgutes Scheyern

Foto 7: Klostergut Scheyern; oberes und unteres Hohlfeld von Süden (Kainz)

erfaßt. Darüberhinaus wurde mit begleitenden Modell- und Laborversuchen begonnen.

Ergebnisse: Die Untersuchungen zeigen, daß die natürlichen Ressourcen der Flächen des Versuchsgutes Scheyern gefährdet sind; eine Beibehaltung der früheren Bewirtschaftungsform aus Sicht eines umfassenden Naturschutzes ist nicht zu vertreten. Der Aufbau und die physikalischen Eigenschaften der Böden sind aufgrund der geologischen Situation und der starken Überprägung durch Erosion außerordentlich variabel, wobei die krumennahen Unterböden heterogener als die Oberböden sind. Dagegen ist die Nährstoffsituation der Ackerböden einheitlich, ebenso die Ausstattung mit Bodentieren; die einheitliche Nutzung hat Standortunterschiede in den Äckern nivelliert. Drastische Unterschiede bestehen aber zum Grünland und zu den Flächen der ehemaligen Hopfengärten. Die Ausstattung mit Floren- und Faunenelementen ist gegenüber einer naturraumtypischen Ausstattung verarmt; es sind nur fünf Arten der Roten Liste zu finden. Die hydrologische Situation ist wie die Geologie sehr komplex: Ein erheblicher Teil des Abflusses besteht aus Zwischenabfluß, der offensichtlich mit lokalen Tonlinsen in Beziehung steht. Nur ein relativ geringer Teil des infiltrierenden Wassers gelangt bis zum regionalen Grundwasser.

Umsetzung der Ergebnisse: Die erzielten Ergebnisse stellen die Basis für die Umgestaltung der Landschaft im Herbst 1992 und für die Planung der Bewirtschaftung der Versuchsflächen im nächsten Jahrzehnt dar. Sie sind die Grundlage für den Antrag der FAM- Hauptphase 1993—1997.

Anschriften: Prof. Dr. F. Beese
GSF-Institut für Bodenbiologie
Ingolstädter Landstraße 1, D-W-8042 Neuherberg
Tel: (0 89) 31 87 28 68, Fax: (0 89) 31 87 33 82

Prof. Dr. Jörg Pfadenhauer
Lehrglied Geobotanik
D-W-8050 Freising-Weihenstephan
Tel: (0 81 61) 71 41 44, Fax: (0 81 61) 71 44 27

Herrn Maximilian Kainz
Versuchsgut Steyern der TU Freising-Weihenstephan
D-W-8069 Scheyern
Tel: (0 84 41) 8 23 93, Fax: (0 84 41) 8 23 96

3.2 Biosphärenreservate

Zentraler Schwerpunkt der MAB-Arbeit ist die Errichtung eines weltumspannenden Netzes von Schutzgebieten, sogenannten „Biosphärenreservaten" (MAB-8), das sämtliche Ökosystemtypen bzw. biogeographische Areale der Welt erfaßt. Auswahlkriterium ist nicht die Schutzwürdigkeit und Einmaligkeit einer Naturlandschaft, sondern vielmehr, inwieweit diese einen bestimmten Ökosystemtyp repräsentiert.

1975 erstellte UDVARDY für die „International Union for Conservation of Nature and Natural Resources" (IUCN) mit seinem Beitrag „A Classification of Biogeographical Provinces of the World" einen groben räumlichen Bezugsrahmen für die systematische Ausweisung von Biosphärenreservaten. Dieses Klassifikationsschema setzt sich aus einem drei Ebenen umfassenden hierarchischen System zusammen:
1. dem biogeographischen Reich oder der biogeographischen Region (vgl. Fig. 3; s. S. 46)
2. der biogeographischen Provinz (vgl. Fig. 4; s. S. 47)
3. dem Biomtyp oder Biomkomplex (vgl. Fig. 5; s. S. 48)

Als biogeographische Region werden Kontinente oder auch Subkontinente bezeichnet. Die Abgrenzung biogeographischer Provinzen erfolgt innerhalb der Regionen nach floristischen, faunistischen und weiteren geoökologischen Kriterien. Als drittes Klassifikationsmerkmal wird der Biomtyp, dem eine Landschaft zuzuordnen ist, herangezogen.

Dieses Gliederungskonzept ermöglicht die systematische Ausweisung von Biosphärenreservaten und Aussagen über zu schließende Lücken im weltweiten Reservatnetz. Aufgrund des relativ abstrakten Charakters der bislang verwendeten Typisierungsmethode wird künftig auf jeweils nationaler Ebene eine noch stärker regional differenzierte Erfassungsmethodik zu entwickeln sein.

Nach der UDVARDY-Klassifikation hat z. B. das Biosphärenreservat „Spreewald" die Code-Nr. 2.11.05. Sie besagt, daß der Spreewald zum „Palaearktischen Reich" (2.) gehört, Teil der biogeographischen Provinz „Mittel- und Osteuropäische Wälder" (11.) ist und durch den Biomtyp „Immergrüne Hartlaubwälder und Gebüschformationen mit Winterregen" (05.) typisiert wird.

Mit der Konzeption der Biosphärenreservate wurde ein Ansatz entwickelt, der davon ausgeht, daß Artenschutz nur über den Schutz ent-

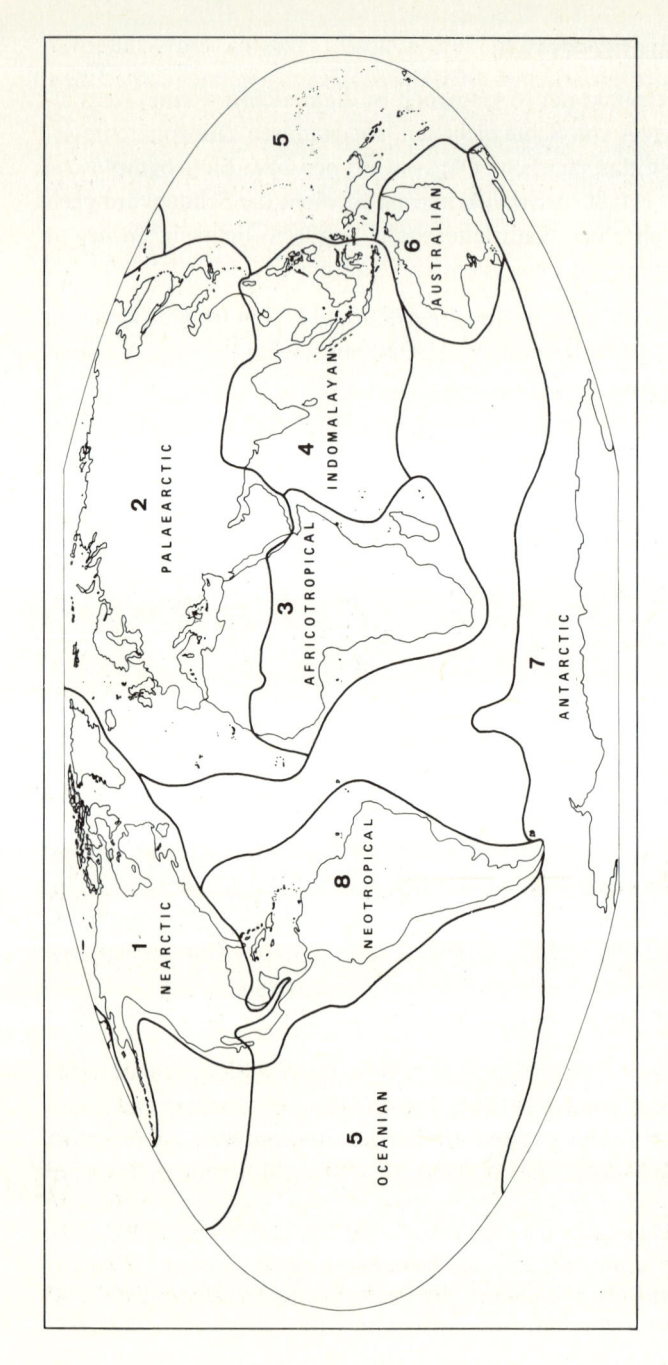

Fig. 3: Terrestrische biogeographische Reiche der Welt

sprechender Lebensräume zu gewährleisten ist. Aus diesem Grunde ist die Erhaltung der natürlichen Funktionsfähigkeit der zu schützenden Ökosysteme ein Hauptanliegen von MAB-8. Gleichzeitig dienen diese langfristig gesicherten Areale aber auch der Schaffung eines globalen Systems zur Umweltbeobachtung (Monitoring). Außerdem stehen Bio-

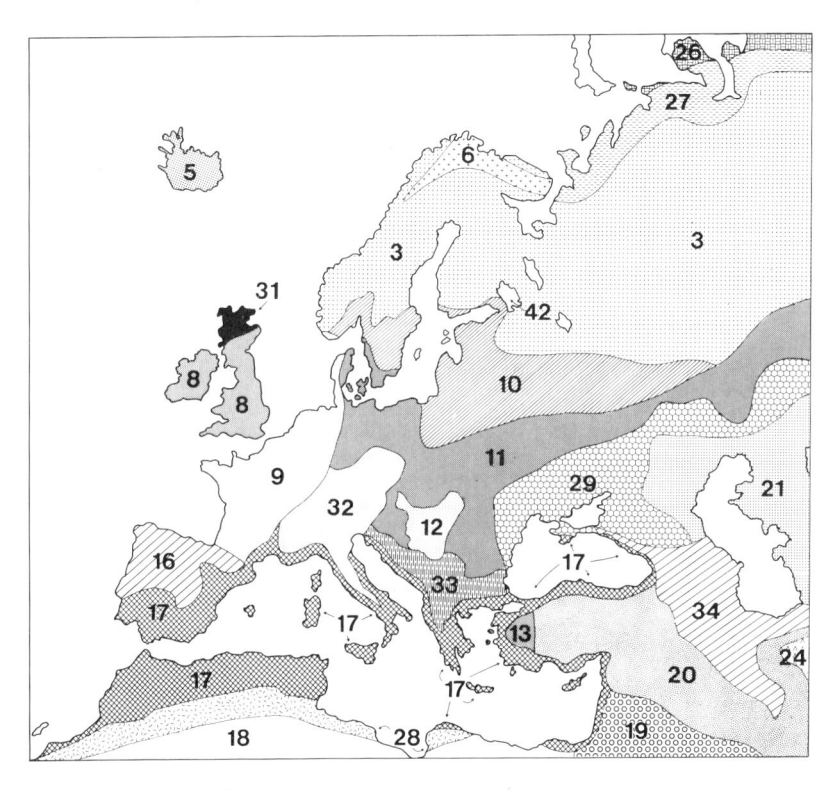

Fig. 4: Biogeographisches Provinzen des palaearktischen Reiches, westliche Hälfte
3 West-Eurasische Taiga, 5 Island, 6 Subarktischer Birkenbusch, 8 Britische Inseln, 9 Atlantische Provinz, 10 Boreonemorale Provinz, 11 Mittel- und Osteuropäische Wälder, 12 Pannonische Provinz, 13 Westanatolien, 16 Iberisches Hochland, 17 Mediterrane Hartlaubzone, 18 Sahara, 19 Arabische Wüste, 20 Anatolisch-Iranische Wüste, 21 Turanische Provinz, 24 Iranische Wüste, 26 Hocharktische Tundra, 27 Niederarktische Tundra, 28 Atlas Steppe, 29 Pontische Steppe, 31 Schottisches Hochland, 32 Zentraleuropäisches Gebirge, 33 Balkan Hochland, 34 Kaukasisch-Iranisches Hochland, 40 Makoranesische Inseln, 42 Ladogasee

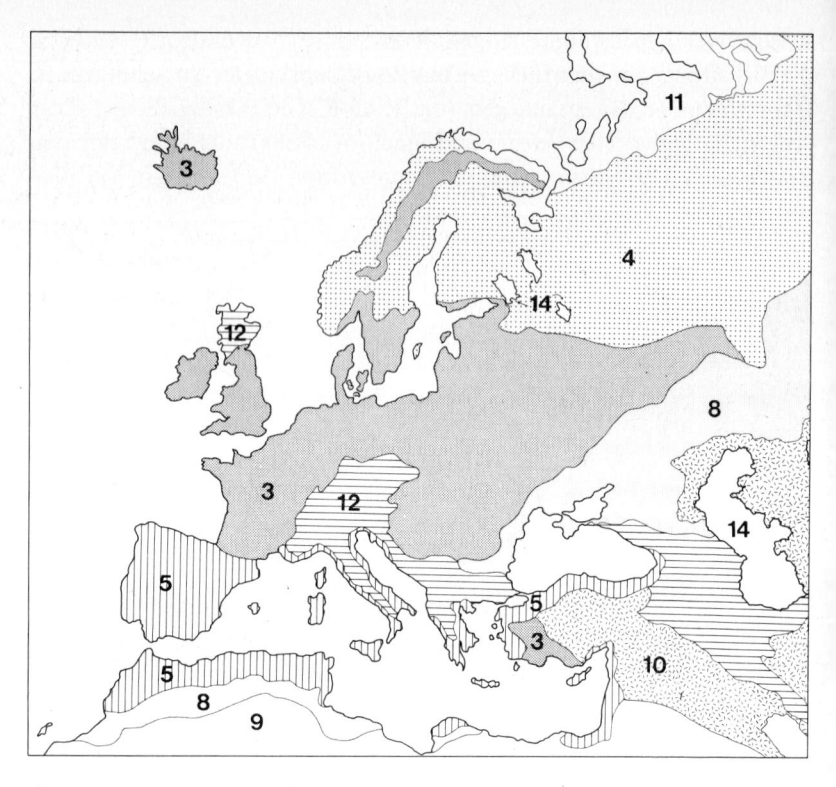

Fig. 5: Biomtypen des palaearktischen Reiches, westliche Hälfte
3 Sommergrüne Laubwälder, -gebüsche und subpolare Strauchformationen, 4 Immergrüne boreale Nadelwälder und Strauchformationen, 5 Immergrüne Hartlaubwälder und Gebüschformationen mit Winterregen, 8 Grasland der gemäßigten Zone, 9 Heiße Wüsten und Halbwüsten, 10 Winterkalte (Kontinentale) Wüsten und Halbwüsten, 11 Tundragesellschaften und trockene arktische Wüsten, 12 Gemischte Gebirgs- und Hochlandsysteme mit vielfältiger Zonierung, 14 Fluß-und Seesysteme

sphärenreservate der Forschung für wissenschaftliche Analysen, die die Funktion natürlicher Ökosysteme, die Nutzungsmöglichkeiten dieser Ressourcen sowie die Entwicklung von Ökosystemen betreffen, zur Verfügung.

Biosphärenreservate gliedern sich im Idealfall in (vgl. Fig. 6):
— eine oder mehrere ungenutzte Kernzone(n) (core area),

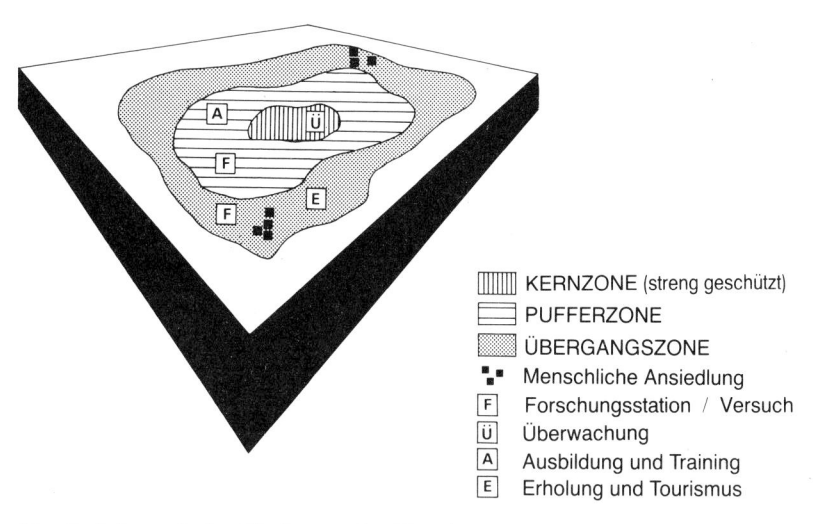

KERNZONE (streng geschützt)
PUFFERZONE
ÜBERGANGSZONE
- Menschliche Ansiedlung
- F Forschungsstation / Versuch
- Ü Überwachung
- A Ausbildung und Training
- E Erholung und Tourismus

Fig. 6: Schematische Gliederung der Biosphärenreservate

— eine extensiv genutzte bzw. vorwiegend unter Naturschutzgesichtspunkten gepflegte Pufferzone (buffer zone),
— eine umweltverträglich zu bewirtschaftende Übergangszone, die auch Siedlungen und Gewerbegebiete beinhalten kann. Zusätzlich kann sie Regenerationszonen umfassen, in denen durch menschliche

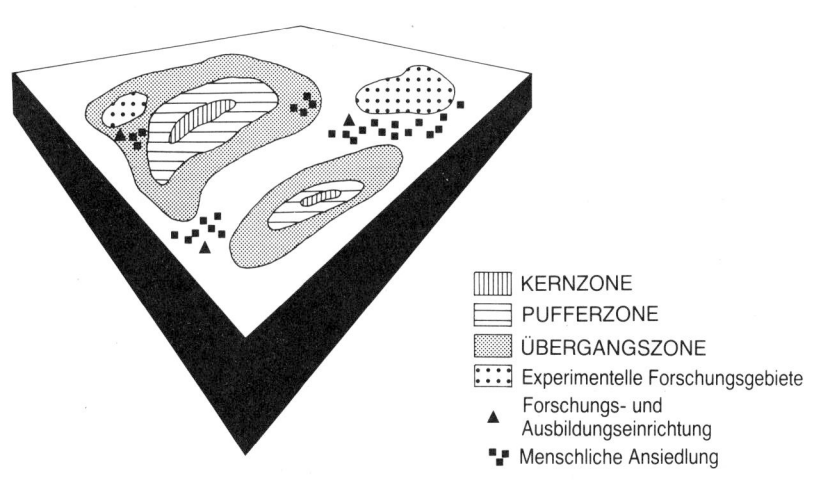

KERNZONE
PUFFERZONE
ÜBERGANGSZONE
- Experimentelle Forschungsgebiete
- ▲ Forschungs- und Ausbildungseinrichtung
- Menschliche Ansiedlung

Abb. 7: Schematisierte Zonierung eines Cluster-Biosphärenreservates

Einwirkung geschädigte bzw. devastierte Landschaften wieder in naturnahe Räume überführt werden sollen. Die bewirtschafteten und besiedelten Übergangsgebiete können innerhalb eines Biosphärenreservates bei weitem die größte Fläche einnehmen.

Neben der idealtypischen Ausbildung von Biosphärenreservaten mit mehr oder weniger konzentrischen Kreisen existieren auch sogenannte Cluster-Biosphärenreservate (Fig. 7).

Besonders der Gedanke des Kulturlandschaftsschutzes hat für Biosphärenreservate eine besondere Bedeutung. Durch eine Jahrhunderte währende Bewirtschaftung der Biosphäre sind infolge der vielfältigen Nutzung Landschaftsräume entstanden, die heute zu den biologisch wertvollsten Regionen der Erde zählen. Mit dem Instrument Biosphärenreservat können diese langfristig erhalten werden. Gleichzeitig sollen aber auch — in Zusammenarbeit von Wissenschaft und ortsansässiger Bevölkerung — Lösungswege gefunden werden, die Landnutzung bei gleichzeitigem Erhalt der natürlichen Ressourcen zu optimieren. Ziel ist die Entwicklung und Umsetzung einer umweltverträglichen Wirtschaftsweise, die den Ansprüchen von Mensch und Umwelt gleichermaßen gerecht wird.

Die verschiedenen und teils erheblich divergierenden Funktionen eines Biosphärenreservates als Naturschutz-, Erholungs- und Wirtschaftsraum — (für Land- und Forstwirtschaft, Tourismus, Gewerbe) — gilt es zu verknüpfen bzw. so voneinander abzugrenzen, daß kein Bereich wesentlich benachteiligt wird und nachhaltigen Schaden nimmt.

Seit der Errichtung der ersten Biosphärenreservate im Jahre 1976 haben sie sich zu einem Schlüsselelement des MAB-Programmes entwickelt. Weltweit sind bis jetzt 311 Biosphärenreservate in 80 Ländern ausgewiesen worden (Stand 10. November 1992).

3.2.1 Aufgaben der Biosphärenreservate

Im Jahre 1983 fand auf Einladung der UdSSR in Minsk der 1. Internationale Biosphärenreservatkongreß statt, durchgeführt von UNESCO und UNEP unter Mitwirkung von FAO und IUCN. Die Ergebnisse der Beratungen bildeten die Grundlage für den im Rahmen der Sitzung des 8. MAB-ICC im Dezember 1984 verabschiedeten ‚Internationalen Biosphärenreservat-Aktionsplans'. In ihm werden die am MAB-Programm

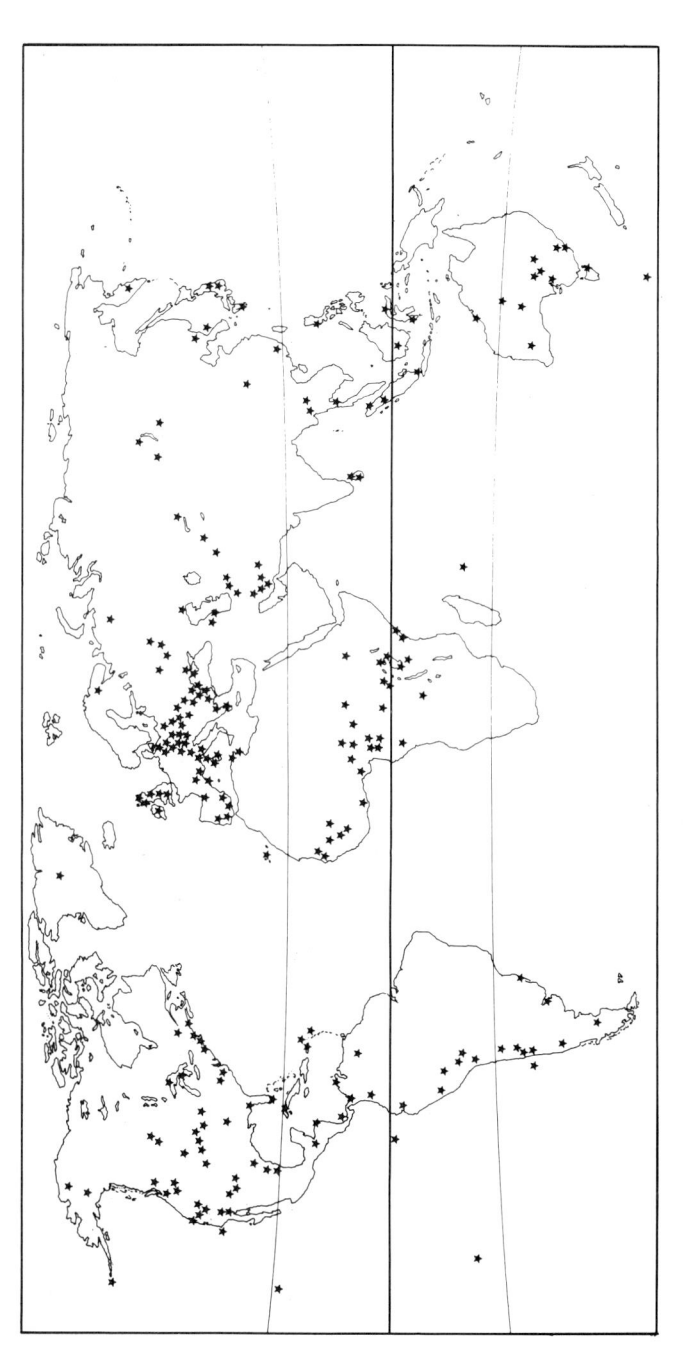

Fig. 8: *Schematische Karte der Biosphärenreservate. In einigen Regionen — insbesondere in Europa — kann ein Stern mehrere Biosphärenreservate repräsentieren.*

beteiligten Staaten sowie internationale Organisationen aufgefordert, konkrete Schritte zur Verbesserung und zum Ausbau des globalen Biosphärenreservatnetzes einzuleiten, die Erarbeitung von Basiswissen über den Schutz von Ökosystemen und deren Biodiversität zu unterstützen und Biosphärenreservate als Instrument zum Schutz und zur Entwicklung von Landschaften zu nutzen. Im folgenden werden die durch den Aktionsplan herausgestellten Aufgaben von Biosphärenreservaten zusammenfassend dargestellt.

3.2.1.1 *Schutz der ausgewiesenen Ökosysteme*

Es gilt als allgemeiner Konsens, daß die gesamte Vielfalt von Organismen und Ökosystemen für alle Zeiten nicht erhalten werden kann. Abweichend von dem Ziel, Teilräume von Landschaften als unberührte Reservate auszugliedern, ist das Konzept der Biosphärenreservate als offenes Schutzsystem angelegt. Es sieht vor, daß Bereiche unberührter natürlicher bzw. naturnaher Ökosysteme von Gebieten umgeben sind, die durch menschliche Tätigkeit geprägt sind. Letztere sind derart zu gestalten, daß sie auf den langfristigen Erhalt der entsprechenden Ökosysteme zielen. Der Terminus ‚Reservat' steht in diesem Zusammenhang für eine ökologisch repräsentative Landschaft, in der die Landnutzung zwar gesteuert wird, jedoch vom totalen Schutz bis hin zur intensiven, aber nachhaltigen Nutzung reichen kann. Diese abgestufte Landschaftszonierung ermöglicht es, in jedem einzelnen Biosphärenreservat die individuellen regionalen Bedingungen konzeptionell zu berücksichtigen.

Jedes einzelne Biosphärenreservat repräsentiert einen Großteil der jeweils heimischen Fauna und Flora; sie stellen deshalb ein wichtiges Reservoir genetischen Materials dar. Diese Ressourcen werden zunehmend Verwendung bei der Entwicklung neuer Arzneimittel, Industriechemikalien, Baumaterialien, Nahrungsmittel und anderer Produkte finden, die zum menschlichen Wohl beitragen können. Ebenso dienen sie als Genpool bei der Wiederansiedlung heimischer Arten in den Gegenden, in welchen sie bereits ausgerottet wurden. Biosphärenreservate tragen auf diese Weise zur Verbesserung der Stabilität und Vielfalt regionaler Ökosysteme bei.

3.2.1.2 *Entwicklung der Landnutzung*

Ein weiterer wichtiger Gesichtspunkt des Biosphärenreservatkonzeptes ist — soweit durchführbar — die Erhaltung und ggf. die Wiederherstellung historisch überlieferter Landnutzungssysteme, welche die traditionelle Beziehung zwischen der einheimischen Bevölkerung und ihrer Umwelt verdeutlichen. Diese Systeme spiegeln häufig jahrhundertealte menschliche Erfahrungen im Umgang mit Natur und Umwelt wider und liefern häufig wertvolle Informationen für eine rationale Weiterentwicklung von Landnutzungssystemen. Durch die partnerschaftliche Einbeziehung der einheimischen Bevölkerung in die wissenschaftlichen Arbeiten kann weitestgehend sichergestellt werden, daß, ohne gewachsene, gesellschaftliche Traditionen und Wertsysteme langfristig zu zerstören, der Einsatz neuer wissenschaftlicher und technologischer Erkenntnisse die Basis für eine Verbesserung der Existenzgrundlagen bildet.

3.2.1.3 Umweltforschung und -monitoring

Aufgrund des Schutzes naturnaher Ökosysteme — unter Einbeziehung von Gebieten mit menschlicher Nutzung — bieten sich Biosphärenreservate als ideale Standorte für die Untersuchung/das Monitoring von Veränderungen der belebten und unbelebten Komponenten der Biosphäre an. Besonders für die Ökosystemforschung (ÖSF) und die Ökologische Umweltbeobachtung (ÖUB) sind Biosphärenreservate besonders geeignete Untersuchungsräume. Wissenschaftler können dort, da diese Gebiete einem unbefristeten Schutz unterliegen, vor allem langfristige Forschungsprojekte durchführen. Durch das Sammeln dieser Daten in Geographischen Informationssystemen (GIS), die den Biosphärenreservatsverwaltungen unterstehen, wurde die Grundlage geschaffen, auch große, über die Zeit wachsende Datenmengen zu sichern und interessierten Wissenschaftlern zugänglich zu machen. Erst langfristig angelegte Forschungsprogramme gestatten — wegen der inter- und intraspezifischen Komplexität ökologischer Fragestellungen — bisweilen Antworten, die den Ansprüchen der Bevölkerung, der Wissenschaft, des Managements und der Verwaltung gleichermaßen gerecht werden.

In den übrigen Schutzgebietskonzeptionen z. B. in Nationalparken und Naturparken dient die Forschung vorrangig der Erarbeitung direkter Informationen zu den Fragestellungen, die im Zusammenhang mit den Schutzzielen des Gebietes stehen. In Biosphärenreservaten sollen darüber hinaus — entsprechend dem umfassenden MAB-Ansatz — vor allem interdisziplinäre Forschungsprogramme unter Beteiligung von Natur-, Sozial- und Geisteswissenschaften durchgeführt werden, deren Ziel die Entwicklung von Modellen für den Schutz von Ökosystemen innerhalb großräumiger Regionen, aber auch Wege zur Umsetzung rationaler Landnutzungsverfahren sind.

Durch die Einbindung in das internationale MAB-Netz wird die Grundlage zur Durchführung einer globalen „Ökologischen Umweltbeobachtung" (ÖUB) geschaffen (vgl. Kap. 3.4.2). Dazu ist die abgestimmte Weiterführung von nationalen und regionalen ökologischen Beobachtungsnetzen sowie die fachspezifische Fortentwicklung leistungsfähiger DV-Systeme erforderlich. Die Standardisierung, Skalierung und Weitergabe von Umweltdaten und die Fragen, die den Aufbau einer koordinierenden Zentralstelle betreffen, werden künftig einen wichtigen Arbeitsschwerpunkt bilden.

3.2.1.4 Ausbildung und Umwelterziehung

Biosphärenreservate sind prädestiniert für eine praxisnahe Aus- und Weiterbildung von Wissenschaftlern, Verwaltungspersonal, Schutzgebietsmitarbeitern, Besuchern wie auch der ortsansässigen Bevölkerung. Die konkrete Ausgestaltung der verschiedenen möglichen Programme muß auf die spezifischen Bedingungen und Möglichkeiten, aber auch auf die Erfordernisse des jeweiligen Biosphärenreservates und der sie umgebenden Region hin ausgerichtet sein. Schwerpunkte der Aktivitäten sind wissenschaftliche und fachliche Ausbildung, Umwelterziehung, praktische Demonstration und Beratung sowie Bildung der lokalen Bevölkerung.

Einen wichtigen Schwerpunkt der künftigen Arbeit wird die Untersuchung der sozialpsychologischen Bedingungen sein, die zum Erhalt bewährter Traditionen und der auf diesen gründenden Identität der ortsansässigen Bevölkerung führten. Aufbauend auf diesen Erkenntnissen wird zu prüfen sein, wie ein stärker umwelt- und sozialverantwortliches Handeln gefördert werden kann. Dadurch, daß Biosphärenreservate in Regionen eingerichtet wurden und werden, in denen der Verfall der traditionellen Gemeinschaften unterschiedlich weit fortgeschritten ist, sind sie vorrangig für die vergleichende Untersuchung des Einflusses von handlungsleitenden Werthaltungen und deren Raumwirksamkeit geeignet. Das Einbeziehen von Anthropologen, Verhaltenswissenschaftlern, Pädagogen und Psychologen in die Arbeitsprogramme wird zwingend erforderlich sein.

3.2.2 Biosphärenreservate in Deutschland

Deutschland ist seit 1979 am Aufbau des internationalen Biosphärenreservatnetzes beteiligt. Bereits drei Jahre nach der Definition von MAB-8 ließ die Regierung der DDR die Gebiete Mittlere Elbe (heute Sachsen-Anhalt) und Vessertal (heute Thüringen) als internationale Biosphärenreservate von der UNESCO anerkennen. 1981 folgte für die Bundesrepublik Deutschland der Nationalpark Bayerischer Wald.

Besondere Aufmerksamkeit erfuhr die Kategorie „Biosphärenreservat" in Deutschland durch den Beschluß des DDR-Ministerrates vom 22. März 1990, ein Nationalparkprogramm einzurichten. Bestandteil dieses Programms waren neben fünf National- und drei Naturparken auch vier neue Biosphärenreservate (Rhön, Schorfheide-Chorin, Spreewald und Südost-Rügen) sowie die Erweiterung der zwei bereits anerkannten Gebiete.

Am 12. September 1990 — kurz vor der Vereinigung Deutschlands — erfolgte die Unterschutzstellung der im Nationalparkprogramm ausgewiesenen Landschaften. Die Verordnungen traten am 1. Oktober 1990 in Kraft. Mittels Übernahme in den Einigungsvertrag konnten die verabschiedeten Schutzbestimmungen auch für die Zeit nach dem Beitritt der neuen Länder gesichert werden.

Bereits am 20. November 1990 erkannte die UNESCO das Gebiet Schorfheide-Chorin (Brandenburg) als Biosphärenreservat an gemeinsam mit Berchtesgaden (Bayern) und dem Schleswig-Holsteinischen Wattenmeer (Schleswig-Holstein). Die Ausweisung der Rhön (Bayern, Hessen, Thüringen), des Spreewaldes (Brandenburg) und Südost-Rügens (Mecklenburg-Vorpommern) sowie die Bestätigung der Erweiterung des BR Mittlere Elbe (Sachsen-Anhalt) und des BR Vessertal-Thüringer Wald (Thüringen) erfolgte am 6. März 1991. Am 10. November 1992 erkannte die UNESCO die Gebiete Hamburgisches und Niedersächsisches Wattenmeer sowie den Pfälzer Wald als Biosphärenreservate an. (vgl. Fig. 9; s. S. 56 und Fig. 10; s. S. 57)

Das deutschen Biosphärenreservatnetz umfaßt nunmehr 12 Gebiete mit einer Gesamtfläche von 11 589 km² (Stand 10. 11. 1992). Dies entspricht etwa 3,3 % der Fläche Deutschlands. Deutschland nimmt damit zahlenmäßig (6. Rang) und flächenmäßig (10. Rang) weltweit einen Spitzenplatz ein. Von der „Ständigen Arbeitsgruppe Deutscher Biosphärenreservate" werden zur Zeit die „Leitlinien für Schutz, Pflege und Entwicklung der Biosphärenreservate in Deutschland" erarbeitet. Fig. 11 (s. S. 58) gibt einen Überblick über die administrative Einbindung der deutschen Biosphärenreservate.

Die deutschen Biosphärenreservate zeichnen sich aus durch:
1. eine hochwertige Naturausstattung, insbesondere naturnaher bis natürlicher Lebensgemeinschaften (einige Biosphärenreservate, in denen der naturnahe Anteil besonders hoch ist, sind deshalb zugleich auch Nationalparke);

Fig. 9: Die deutschen Biosphärenreservate (Stand 10. 11. 1992)

2. ausgedehnte Areale mit halbnatürlichen Lebensgemeinschaften, die durch extensive Nutzung entstanden sind (z. B. Magerrasen, Feuchtwiesen, Streuwiesen etc.);

Biosphärenreservat	Anerk. UNESCO	Grundlage des Gebietsschutzes	Fläche ha	Träger	Verwaltung
Bayerischer Wald	1981	NP-VO vom 22.07.1969 (15.03.1973) Anerkennung durch UNESCO	13.100	Freistaat Bayern (StMELF)	Biosphärenreservatsverwaltung Bayerischer Wald Herr Dr. H. Bibelriether Freyunger Str. 2, W-8352 Grafenau Tel. 08552/2077
Berchtesgaden	1990	NP-VO vom 18.07.1978 (16.02.1987) Anerkennung durch UNESCO	46.800	Freistaat Bayern (StMLU)	Biosphärenreservatsverwaltung Berchtesgaden Herr Dr. H. Zierl Doktorberg 6, W-8240 Berchtesgaden Tel. 08652/61068
Mittlere Elbe	1979	VO vom 12.09.1990*) Anerkennung durch UNESCO	43.000	Sachsen-Anhalt (MUN)	Biosphärenreservat Mittlere Elbe Herr Dr. P. Hentschel Kapenmühle, O-4500 Dessau Tel. 0340/4503
Rhön	1991	Thüringer Teil: VO vom 12.09.1990*)	130.488	Bayern (StMLU) Hessen (MLWFLN) Thüringen (MU)	Biosphärenreservat Rhön (Bayern) Frau D. Pokorny Rhönbergstr. 16, W-8741 Oberelsbach Tel. 09774/1741
					Biosphärenreservat Rhön (Hessen) Herr FOR E. Sauer Rathaus, W-6414 Ehrenberg
		Anerkennung durch UNESCO			Biosphärenreservat Rhön (Thüringen) Herr Dr. K.-F. Abe Mittelsdorferstraße, O-6101 Kaltensundheim Tel. 036946/753
Schleswig-Holstein. Wattenmeer	1990	NP-Gesetz vom 22.07.1985 Anerkennung durch UNESCO	285.000	Schleswig-Holstein (MUN)	Biosphärenreservatsverwaltung Schleswig-Holst. Wattenmeer Herr Dr. F.-H. Andresen Am Hafen 40a, W-2253 Tönning Tel. 04861/6456
Schorfheide-Chorin	1990	VO vom 12.09.1990*) Anerkennung durch UNESCO	125.891	Brandenburg (MRUN)	Biosphärenreservat Schorfheide-Chorin Herr Dr. E. Henne Haus am Stadtsee, O-1300 Eberswalde-Finow, Tel. 03334/22375
Spreewald	1991	VO vom 12.09.1990*) Anerkennung durch UNESCO	47.600	Brandenburg (MRUN)	Biosphärenreservat Spreewald Herr Dr. M. Werban Schulstraße 9, O-7543 Lübbenau Tel. 03542/228
Südost-Rügen	1991	VO vom 12.09.1990*) Anerkennung durch UNESCO	22.800	Mecklenburg-Vorpommern (MU)	Biosphärenreservat Südost-Rügen Herrn A. Müller Göhrener Weg 1, O-2334 Baabe Tel. 038303/368
Vessertal/ Thüringer Wald	1979	VO vom 12.09.1990*) Anerkennung durch UNESCO	12.670	Thüringen (MU)	Biosphärenreservat Vessertal/Thüringer Wald Herr Dr. Lange An der Wilke 4, O-6051 Breitenbach Tel. 036841/8187
Hamburgisches Wattenmeer	vorauss. Herbst 1992	NP-Gesetz vom 09.04.1990 Anerkennung durch UNESCO	11.700	Freie und Hansestadt Hamburg (Umweltbehörde)	Biosphärenreservatsverwaltung Hamburgisches Wattenmeer Naturschutzamt Hamburg, Dr. K. Janke Steindamm 22, W-2000 Hamburg 1 Tel. 040/24860
Niedersächsisches Wattenmeer	vorauss. Herbst 1992	NP-VO vom 13.12.1985 Anerkennung durch UNESCO	240.000	Niedersachsen (MU)	Biosphärenreservatsverwaltung Niedersächsisches Wattenmeer Dr. C. D. Helbing Virchowstraße 1, W-2940 Wilhelmshaven Tel. 04421/408 270
Pfälzerwald	vorauss. Herbst 1992	Naturpark-VO vom 26.11.1984 Anerkennung durch UNESCO	179.800	Rheinland-Pfalz (MUG)	Biosphärenreservat Pfälzerwald Herr W. Dexheimer Hermann-Schäfer-Str. 17 W-6702 Bad Dürkheim 2 Tel. 06322/66265

*)Ministerratsbeschluß der ehem. DDR

Fig. 10: *Übersicht über die deutschen Biosphärenreservate (Stand 10. 11. 1992)*

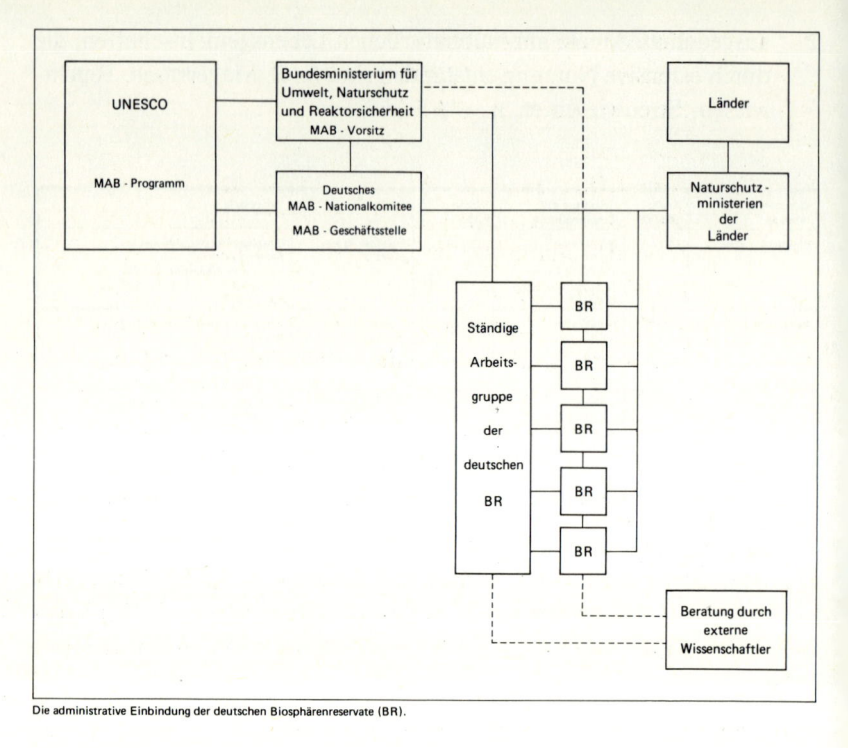

Fig. 11: Die administrative Einbindung der deutschen Biosphärenreservate

3. das Vorkommen seltener und bedrohter Pflanzen- und Tierarten (Bedeutung als Refugialräume);
4. intakte und attraktive Landschaftsbilder der Natur- und Kulturlandschaft, die von besonderem Wert für Erholung und Tourismus sind.
5. Darüber hinaus haben sie als Lebens- und Wirtschaftsraum des Menschen eine große Bedeutung.

3.2.2.1 Biosphärenreservat Bayerischer Wald

Das Biosphärenreservat Bayerischer Wald liegt in Bayern, ca. 200 km nördlich von München an der Grenze zur CSFR (Anerkennung durch die UNESCO 1983).

Biogeographische Region: 2.11.05
Größe: ca. 13.300 ha
Einwohnerzahl: ca. 500 Einwohner
Gliederung:
Zone I (Kernzone): 8.030 ha
Zone II (Pufferzone): 5.720 ha
Zone III (Übergangszone): — ha
Flächennutzung (ca.):
— Wald 12.820 ha
— Moore (Hochmoore ohne Waldbäume) 200 ha
— Wiesen (ungenutztes Grünland) 100 ha
— Wasserflächen 30 ha
— Fels (ohne Waldbäume, ggf. Latschen) 20 ha
— Verkehrsflächen 130 ha

Naturausstattung in Stichworten:
Das Biosphärenreservat Bayerischer Wald liegt 666 m bis 1.453 m ü. NN und umfaßt natürlichen Bergmischwald in den Hanglagen (58 %), Bergfichtenwald in den Hochlagen (24 %) und Aufichtenwald in den Tallagen (16 %).

Vorkommen gefährdeter/geschützter Pflanzen- und Tierarten der Roten Liste: Flora: Korallenwurz, Holunder-Knabenkraut, Porst, Gemeiner Moorbärlapp, Fieberklee, Weiße Waldhyazinthe, Grünblättriges Wintergrün, Blasenbinse, Kleiner Wasserschlauch

Fauna: seltene Charakterarten
Schwarzstorch, Habicht, Wespenbussard, Auerhuhn, Habichtskauz, Weißrückenspecht, Zwerg-, Sumpf-, Alpen-Wasserspitzmaus, Nordfledermaus, Birkenmaus, Luchs, Fischotter

seltene, ausnahmsweise vorkommende Arten
Krickente, Baumfalke, Bekassine, Eisvogel, Mittelspecht, Braunkehlchen, Ringelnatter, Großer Alpensegler, Zwergfledermaus, Braunes Langohr

Leiter: Dr. Hans Biebelriether
Anschrift: Biosphärenreservat Bayerischer Wald
Freyunger Straße 2, D-W-8352 Grafenau
Tel: (0 85 52) 20 77, Fax: (0 85 52) 13 94

3.2.2.2 Biosphärenreservat Berchtesgaden

Das Biosphärenreservat Berchtesgaden liegt in Bayern, 20 km südlich von Salzburg, an der Grenze zu Österreich (Anerkennung durch die UNESCO am 16. 11. 1990).

Biogeographische Region: 2.32.12
Größe: 46.800 ha
Einwohnerzahl: ca. 32.000 Einwohner

Gliederung:
Zone I (Kernzone): 17.500 ha
Zone II (Pufferzone): 3.400 ha
Zone III (Übergangszone): ca. 25.900 ha

Flächennutzung:
— Fels und Vegetation oberhalb der
   alpinen Waldgrenze   13.400 ha
— Gewässer   1.170 ha
— Wald   26.650 ha
— Landwirtschaft/Almen   4.400 ha
— Siedlung   700 ha
— Gewerke   250 ha
— Verkehr   170 ha
— Sonstiges   60 ha
   46.800 ha

Naturausstattung in Stichworten:
Hochgebirge (471—2.713 m über NN) Nördliche Kalkalpen mit drei Hochgebirgstälern in Nord-Süd-Richtung und vier Gebirgsstöcken
— submontane, montane, subalpine Wälder
— kalkalpine Matten (Beweidung durch Pinzgauer Rinder)
— Felsspalten- und Schuttgesellschaft
— oligotrophe Seen und Fließgewässer

Vorkommen gefährdeter/geschützter Pflanzen- und Tierarten der Roten Liste: Flora: Zarter Enzian, Verschiedenfarbiger Alpenlattich, Deutsche Tamariske, Clusius Schlüsselblume, Alpen-Knorpelsalat, Herzblättrige Gemswurz, Edelweiß, Tauernblümchen

Charakteristische Arten: Enzian, Edelweiß

	Fauna: Wiedereinbürgerung von Luchs und Bartgeier
Charakteristische Art: Steinbock
Leiter:	Dr. Hubert Zierl
Anschrift:	Biosphärenreservat Berchtesgaden
Doktorberg 6, D-W-8240 Berchtesgaden
Tel: (0 86 52) 6 10 68, Fax: (0 86 52) 6 48 54

3.2.2.3 Biosphärenreservat Hamburgisches Wattenmeer

Das Biosphärenreservat Hamburgisches Wattenmeer liegt in der südlichen Nordsee im Küstengebiet zwischen Weser- und Elbemündung (Anerkennung durch die UNESCO in Vorbereitung).

Biogeographische Region: 2.11.05
Größe: 11.700 ha
Einwohnerzahl: 38 Einwohner

Gliederung:
Zone I (Kernzone): 10.500 ha
Zone II (Pufferzone): 1.200 ha
Zone III (Übergangszone): — ha

Naturausstattung in Stichworten:
— Watt als Gezeitengebiet
— Vorländereien mit typischer Flora: Schlickgras, Queller, Andel, Rotschwingel, Bottenbinse, Strandnelke, Strandwermut, Strandaster, Strandsims
— Fortpflanzungs-, Aufzucht-, Nahrungs- und Rastgebiet für Vögel, Fische und Seehunde
  ○ herausragendes Brutgebiet für Seeschwalben: Brandseeschwalbe, Zwergseeschwalbe, Küstenseeschwalbe, Flußseeschwalbe
  ○ darüber hinaus Brutgebiet für über 60 weitere Vogelarten: z. B. See- und Sandregenpfeifer, Austernfischer, Rotschenkel, Löffelente, Eiderente
  ○ Durchzugs- und Rastgebiet u. a. für Ringelgänse, Nonnengänse, Pfuhlschnepfen, Knutts, Große Brachvögel
— Sanddünen mit typischer Flora: Strand- und Dünenquecke, Strandhafer, Strandroggen

— Jagd im gesamten Gebiet verboten
— Fischerei im gesamten Gebiet verboten (Ausnahme: Krabbenfischerei in drei Prielrinnen)

Leiter: Dr. Klaus Janke

Anschrift: Biosphärenreservat Hamburgisches Wattenmeer
Naturschutzamt Hamburg
Steindamm 22, D-W-2000 Hamburg 1
Tel: (0 40) 24 86 39 45, Fax: (0 40) 24 86 32 93

3.2.2.4 Biosphärenreservat Mittlere Elbe

Erweiterung des BR um die Dessau-Wörlitzer Kulturlandschaft, Umbenennung in Mittlere Elbe am 29. 1. 1988. Das Biosphärenreservat Mittlere Elbe liegt in Sachsen-Anhalt (Anerkennung durch die UNESCO am 24. 11. 1979).

Biogeographische Region: 2.11.05
Größe: 43.000 ha
Einwohnerzahl: ca. 100.000 Einwohner

Gliederung:
Zone I (Kernzone): 624 ha
Zone II (Pufferzone): 6.171 ha
Zone III (Übergangszone): 36.205 ha
(davon ca. 9.800 ha als Sanierungsgebiete ausgewiesen)

Flächennutzung:
— Wald 11.740 ha (27 %)
— Grasland 8.600 ha (20 %)
— Acker 16.985 ha (40 %)
— Gewässer 2.880 ha (7 %)
— Siedlungen 2.235 ha (5 %)
— Sonstiges (Parks, Streuobstwiesen, Magerrasen) 560 ha (1 %)

Naturausstattung in Stichworten:
Das Biosphärenreservat Mittlere Elbe beinhaltet den größten zusammenhängenden Auenwaldkomplex Mitteleuropas mit vielfältigen Standort- und Nutzungsformen. Das BR soll der Erhaltung der ältesten im 18.

Jahrhundert bewußt gestalteten Parklandschaft auf dem europäischen Festland dienen.

Vorkommen gefährdeter/geschützter Pflanzen- und Tierarten der Roten Liste: Flora: Gottes-Gnadenkraut, Flutender Hahnenfuß, Krebsschere, Gemeiner Wasserschlauch, Zartes Hornblatt, Froschbiß, Moosauge, Groß-Segge
— Die Sibirische Schwertlilie (Iris sibirica) ist eine Charakterart der Auewiesen.
— Die charakteristische Vegetationsform der Mittleren Elbaue ist eine feldahornreiche Feldulmen-Stieleichen-Hartholzaue (Fraxino-Ulmetum).

Fauna:
— Der Elbebiber (Castor fiber albicus) ist ein charakteristischer Besiedler der Mittleren Elbaue.
— Der Rotmilan (Milvus milvus) ist der Charaktervogel der Mittleren Elbauen.

Überwinterungsgebiet für Seeadler, Sperber, Merlin, Sumpfohreule und junge Steinadler
Lebensraum für Hirschkäfer, Mulm- und Eichenbock

Leiter: Dr. Peter Hentschel

Anschrift: Biosphärenreservat Mittlere Elbe
Kapenmühle, Postfach 118, D-O-4500 Dessau
Tel: (03 40) 45 03, Fax: (03 40) 45 03

3.2.2.5 Biosphärenreservat Niedersächsisches Wattenmeer

Das Biosphärenreservat Niedersächsisches Wattenmeer liegt in der Nordsee und im Küstengebiet von Niedersachsen (Anerkennung durch die UNESCO in Vorbereitung).

Biogeographische Region: 2.11.05
Größe: 240.000 ha
Einwohnerzahl: ca. 89.000

Gliederung:
Zone I (Kernzone):   128.000 ha
Zone II (Pufferzone):   110.000 ha
Zone III (Übergangszone):   2.000 ha

Naturausstattung in Stichworten:
- Salzwiesen, die unregelmäßig den Gezeiten unterliegen, mit charakteristischer Pflanzengesellschaft (Halophyten), Lebensraum für ca. 2.000 hochspezialisierte Tierarten; Nutzung auf 60 % eingestellt, auf 25 % extensiviert
- Schlick-, Sand- und Mischwatten, die ständig den Gezeiten ausgesetzt sind
- Düneninseln, entstanden durch Verdriften und Verwehen des Sandes
- Sanddünen mit standorttypischen Pflanzen

Kinderstube u. a. für Garnele, Hering, Scholle und Dorsch

Lebensraum zahlreicher, an amphibische Verhältnisse gebundener Wirbelloser, z. B. Wattwurm und Sandklaffmuschel

Nahrungs-, Aufzucht- und Rastgebiet für Seehunde

Brut-, Äsungs-, Rast- und Mausergebiet, Überwinterungs- und Übersommerungsgebiet für zahlreiche Vogelarten; darunter Küsten-, Zwerg-, Fluß- und Brandseeschwalbe, Säbelschnäbler, Rotschenkel, Austernfischer, Seeregenpfeifer, Sumpfohreule, Rohr- und Wiesenweihe, Knutt und Steinwälzer

Wichtiges Durchzugs-, Rast- und Nahrungsgebiet der nordostatlantischen Brutvogelarten, z. B. Ringel- und Nonnengänse, Eiderenten

Leiter: Dr. Claus-D. Helbing

Anschrift: Biosphärenreservat Niedersächsisches Wattenmeer
Virchowstraße 1, D-W-2940 Wilhelmshaven
Tel: (0 44 21) 40 82 82, Fax: (0 44 21) 40 82 80

3.2.2.6 Biosphärenreservat Pfälzerwald

Der Naturpark Pfälzerwald liegt im Süden von Rheinland-Pfalz und grenzt mit seiner Südseite an das Biosphärenreservat Vosges du Nord in Frankreich (Anerkennung durch die UNESCO in Vorbereitung). Koordination mit Frankreich zur Ausweisung eines grenzüberschreitenden Biosphärenreservats Nordvogesen-Pfälzerwald.

Biogeographische Region: 2.9.3
Größe: 179.800 ha
Einwohnerzahl: ca. 162.000 Einwohner

Gliederung:
Zone I (Kernzone): 1.400 ha
Zone II (Pufferzone): 40.000 ha
Zone III (Übergangszone): 138.400 ha

Flächennutzung:
— Rebland (Weinberge)
— Fels- und Mauerfluren
— Hainsimsen-Buchenwald
— Naß- und Feuchtwiesen (Wiesenmahd, Beweidung mit Schafen)
— Halbtrocken- und Trockenrasen (Beweidung mit Schafen)
— Gewässer mit Flach- und Zwischenmooren sowie Moorwälder

Naturausstattung in Stichworten:
— nahezu vollständig bewaldetes Buntsandsteingebirge
— Buntsandsteinfelsen, Tischfelsen
— Terrassierung des Reblandes durch Weinbau

Vorkommen von in Europa seltenen und in Rheinland-Pfalz sehr seltenen Pflanzenarten:
Sand-Grasnelke, Lanzett-Strichfarn, Mondraute, Calla, Glockenblume, Dreiähriger Flachbärlapp, Kammfarn, Sand-Strohblume, Frühlings-Küchenschelle

Gefährdete oder vom Aussterben bedrohte Tierarten der Roten Liste:
Felis sylvestris, Martes martes, Glis glis, Barbastella barbastellus, Pipistrellus pipistrellus
Wanderfalke, Uhu, Wasseramsel, Rebhuhn, Sperber, Habicht, Bekassine, Wespenbussard
Coronella austriaca, Nesovitrea hammonis, Myrmeleon formicarius, Aeschna mixta

Leiter: Werner Dexheimer

Anschrift: Biosphärenreservat Pfälzerwald
Hermann-Schäfer-Straße 17, D-W-6702 Bad Dürkheim
Tel: (0 63 22) 6 62 65, Fax: (0 63 22) 12 14

3.2.2.7 Biosphärenreservat Rhön

Das Biosphärenreservat Rhön (vgl. Fig. 12) liegt in Bayern, Hessen und Thüringen (Anerkennung durch die UNESCO am 7. 3. 1991).

Biogeographische Region: 2.11.05
Größe: 130.488 ha, davon
50.264 ha Hessen
48.573 ha Thüringen
32.137 ha Bayern

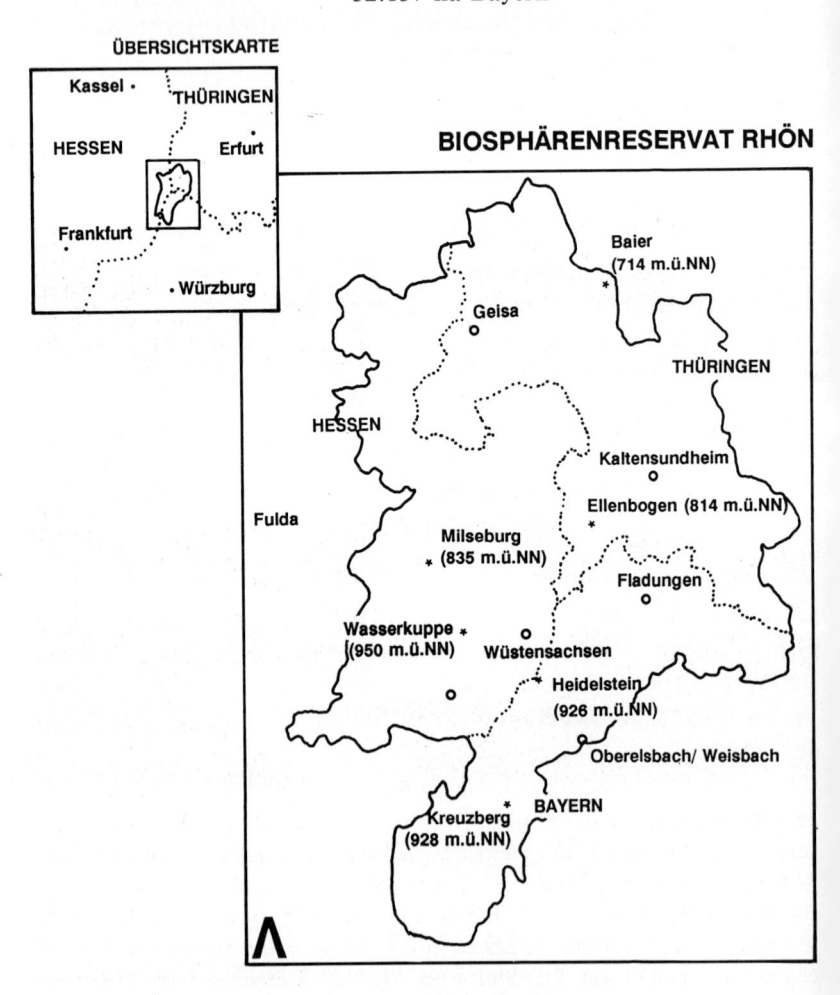

Fig. 12: Übersichtskarte über das Biosphärenreservat Rhön

Einwohnerzahl: ca. 72.000 Einwohner

Gliederung:
Zone I (Kernzone): 12.327 ha
Zone II (Pufferzone): 33.628 ha
Zone III (Übergangszone): 84.533 ha

Flächennutzung:
— Wald ca. 40 %
— Grünland ca. 30 %
— Acker ca. 22 %
— Siedlungen, Straßen etc. ca. 8 %

Das Biosphärenreservat Rhön umfaßt einen repräsentativen Ausschnitt der vom tertiären Basaltvulkanismus geprägten Mittelgebirgslandschaft.

Foto 8: Überreichung der Biosphärenreservat-Urkunde durch den MAB-Vorsitzenden W. Goerke (r.) an den Hessischen Minister für Landesentwicklung, Wohnen, Landwirtschaft, Forsten und Naturschutz J. Jordan, den Staatssekretär im Bayerischen Staatsministerium für Landesentwicklung und Umweltfragen O. Zeitler sowie den Thüringischen Minister für Umwelt und Landesentwicklung H. Sieckmann (v.l.n.r.) am 25. September 1991 in Kaltensundheim/Thüringen (Nauber)

United Nations Educational, Scientific
and Cultural Organization

Programme on Man and the Biosphere

By decision of the Bureau of the International
Co-ordinating Council of the Programme on Man
and the Biosphere, duly authorized
to that effect by the Council

Rhön Biosphere Reserve

is recognized as part
of the international network of Biosphere Reserves.
This network of protected samples of
the world's major ecosystem types
is devoted to conservation
of nature and scientific research
in the service of man.
It provides a standard against which can be measured
the effects of man's impact
on his environment.

Date,Paris, 19 April 1991

Federico Mayor
Director-General
of Unesco

Foto 9: UNESCO-Urkunde des Biosphärenreservates Rhön (MAB-Geschäftsstelle)

Naturausstattung in Stichworten:
- ca. 50 größere Basaltkegel mit meist naturnahen Wäldern und Blockhalden
- mehrere große Hochmoore und zahlreiche kleinere Zwischenmoore, Flachmoore und Quellmoore
- ca. 2.000 ha Kalkmagerrasen
- ca. 5.000 ha artenreiche, montane Wiesen und Weiden
- zahlreiche naturnahe Bachläufe und Quellbäche

Vorkommen gefährdeter/geschützter Pflanzen- und Tierarten der Roten Liste:

Fauna: Wasser-, Sumpf-, Wald- und Alpenspitzmaus, Schwarzstorch, Rotmilan (Milvus milvus), Birkhuhn, Wasseramsel, mehrere Fledermausarten

Flora: Rundblättriger Sonnentau, Frühlings-Adonisröschen, Torf-Segge, Frauenschuh, Sichelblättriges Hasenohr, Fliegen- und Bienen-Ragwurz, Männliches Knabenkraut

Leiter: Frau Doris Pokorny (Bayern),
Ewald Sauer (Hessen),
Dr. Karl-Friedrich Abe (Thüringen)

Anschriften: Biosphärenreservat Rhön
Bayerischer Teil
Rhönbergstraße 16, D-W-8741 Oberelsbach
Tel: (0 97 74) 17 41, Fax: (0 97 74) 17 42

Biosphärenreservat Rhön
Hessischer Teil
Rathaus, D-W-6414 Ehrenberg-Wüstensachsen
Tel.: (0 66 83) 3 02, Fax: (0 66 83) 5 06

Biosphärenreservat Rhön
Thüringer Teil
Mittelsdorfer Straße, D-O-6101 Kaltensundheim
Tel: (03 69 46) 7 53, Fax: (03 69 46) 7 53

3.2.2.8 Biosphärenreservat Schleswig-Holsteinisches Wattenmeer

Das Biosphärenreservat Schleswig-Holsteinisches Wattenmeer liegt in der Nordsee und im Küstengebiet von Schleswig-Holstein (Anerkennung durch die UNESCO am 16. 11. 1990).

Biogeographische Region: 2.11.05
Größe: 285.000 ha
Einwohnerzahl: 2 Einwohner

Gliederung:
Zone I (Kernzone): 85.500 ha
Zone II (Pufferzone): ca. 6.400 ha
Zone III (Übergangszone): ca. 193.100 ha

Naturausstattung in Stichworten:
— Watt als Gezeiten-Gebiet
— Salzwiesen mit typischer Flora: Rotschwingel (Festuca rubra), Andelgras (Puccinellia maritima), Gemeiner Queller (Salicornia europea), Schlickgras, Strandflieder, Strandaster, Strandnelke
— Fortpflanzungs-, Aufzucht-, Nahrungs- und Rastgebiet für Vögel, Fische und Seehunde
  ○ Brutgebiet für über 30 Vogelarten: Säbelschnäbler, Seeschwalben, Lachmöwen, Brandgänse, Austernfischer, Eiderente, Sand- und Seeregenpfeifer, Kiebitz, Rotschenkel, Uferschnepfe, Kampfläufer, Wiesenpieper
  ○ Durchzugs- und Rastgebiet für Ringel- und Weißwangengänse, Alpenstrandläufer, Knutt, Pfuhlschnepfe, Großer Brachvogel, Kiebitzregenpfeifer

Für die Watvögel ist das Wattenmeer das wichtigste Rastgebiet Europas!
— Sanddünen mit typischer Flora: Strandhafer (Ammophila arenaria), Quecke
— Vorkommen „endemischer" Arten: Salzwiesen weisen eine charakteristische Pflanzengesellschaft auf (Halophyten). Etwa 2.000 Tierarten, überwiegend Insekten, sind auf die Salzwiesen als Lebensraum angewiesen. Ca. 400 Insektenarten sind auf nur 25 Pflanzenarten spezialisiert.

Leiter: Dr. Friedrich Heddies Andresen
Anschrift: Biosphärenreservat Schleswig-Holsteinisches Wattenmeer
Am Hafen 40a, D-W-2253 Tönning
Tel: (0 48 61) 64 56, Fax: (0 48 61) 4 59

3.2.2.9 Biosphärenreservat Schorfheide-Chorin

Das Biosphärenreservat Schorfheide-Chorin (vgl. Fig. 13) liegt in Bran-

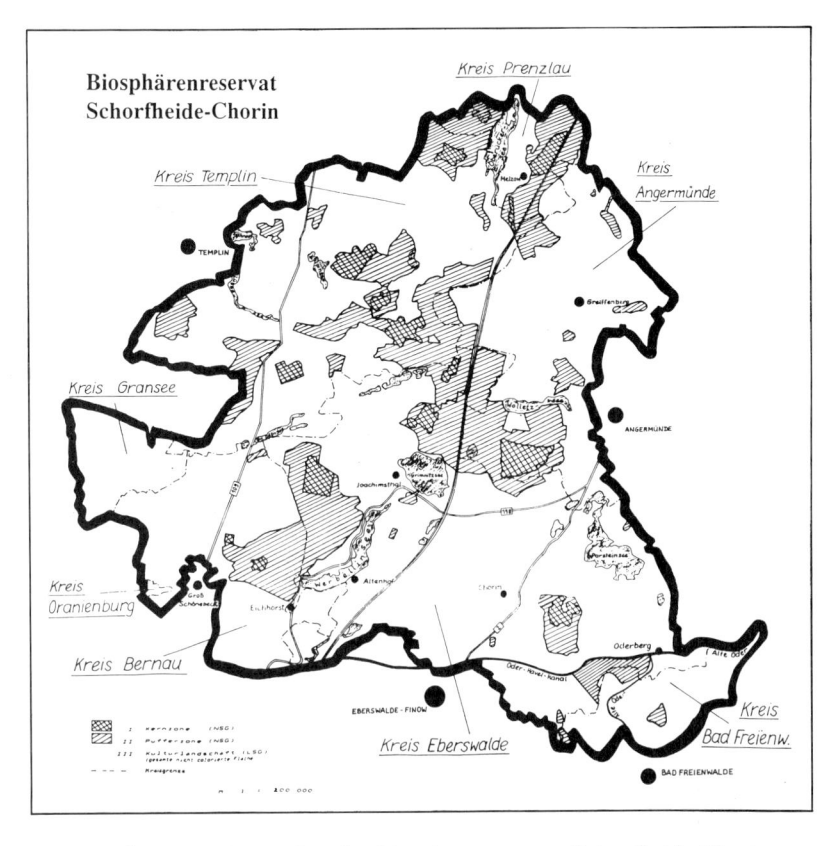

Fig. 13: Übersichtskarte über das Biosphärenreservat Schorfheide-Chorin

denburg, ca. 70 km nordöstlich von Berlin (Anerkennung durch die UNESCO am 16. 11. 1990).

    Biogeographische Region: 2.11.05
    Größe: 125.891 ha
    Einwohnerzahl: ca. 35.000 Einwohner

    Gliederung:
    Zone I (Kernzone):   3.502 ha
    Zone II (Pufferzone):   23.082 ha
    Zone III (Übergangszone): ca. 99.307 ha
    (davon ca. 4.200 ha als Sanierungsgebiete
                                      ausgewiesen)

Sanierungsgebiete:
Güllelastflächen, Agrarlandschaften nach Komplexmelioration, Moorsaatgrasland, Seen mit fischereilicher Intensivnutzung, N- und SO_2-belastete Wälder und Grundwasserabsenkungsgebiete

Flächennutzung:
— Wald   60.400 ha (48 %)
— Äcker   40.200 ha (32 %)
— Grünland   7.500 ha (6 %)
— Gewässer   8.500 ha (7 %)
— Siedlungen und Wegenetz   (7 %)

Foto 10: Biosphärenreservat Schorfheide-Chorin; Landschaft im Choriner Endmoränenbogen (Succow)

Foto 11: Biosphärenreservat Schorfheide-Chorin; Parsteiner See (Succow)

Die Nutzungslandschaft nimmt mit ca. 100.000 ha 79 % des Biosphärenreservates ein.

Naturausstattung in Stichworten:
Das Biosphärenreservat Schorfheide-Chorin stellt einen vollständigen Ausschnitt einer jungglazialen Landschaft dar. Folgende landschaftsgenetische Einheiten sind vertreten:
— Grundmoräne (in kuppiger und ebener Ausbildung)
— Endmoräne (einschließlich mehrerer Zwischenstaffeln und Gletscherzungen)
— Sander (Wurzelsander, Sanderebenen, Durchbruchsander)
— Talsande (Grundwassersande, Anmoore, Moore)
— Urstromtal (Moore, Sande, Auen)

Im Biosphärenreservat befinden sich:
○ insgesamt 254 Seen — ca. 120 Seen >6 ha
— ca. 120 Seen 1-6 ha
— 14 Seen >100 ha

○ ca. 335 Einzelmoore mit einer Größe von >6 ha, davon 47 >100 ha
○ ca. 4.000 Kleinstmoore, Sölle und Feuchtflächen mit einer Größe von >6 ha

Vorkommen gefährdeter/geschützter Pflanzen- und Tierarten der Roten Liste: Flora: Breitblättriges- und Fleischfarbiges Knabenkraut, Natternzunge, Sumpfwurz, Trollblume, Sonnentau, Fieberklee, Sumpfblutauge, Sumpfporst, Rosmarinheide

Fauna: Biber, Fischotter, Schrei-, Fisch- und Seeadler, Rotmilan, Kranich, Schwarzstorch, Wasserläufer, Sumpfschildkröte, Schleier- und Waldohreule, Waldkauz, Zwergschnäpper, Sperbergrasmücke, Schwarzspecht, Rohrschwirl, Neuntöter, Große und Kleine Rohrdommel, Drosselrohrsänger, mehrere Fledermausarten

Leiter: Dr. Eberhard Henne

Anschrift: Biosphärenreservat Schorfheide-Chorin
Joachimsthalerstraße, D-O-1294 Groß Schönebeck
Tel: (0 33 34) 2 23 75, Fax: (0 33 34) 4 19

3.2.2.10 Biosphärenreservat Spreewald

Das Biosphärenreservat Spreewald liegt in Brandenburg, ca. 100 km südöstlich von Berlin (Anerkennung durch die UNESCO am 7. 3. 1991).

Biogeographische Region: 2.11.05
Größe: 47.600 ha
Einwohnerzahl: ca. 70.000 Einwohner

Gliederung:
Zone I (Kernzone):   920 ha
Zone II (Pufferzone):   9.800 ha
Zone III (Übergangszone):   ca. 36.880 ha
(davon ca. 14.135 ha als Sanierungsgebiet ausgewiesen)

Naturausstattung in Stichworten:
Das Biosphärenreservat Spreewald repräsentiert im Biosphärenreservat-Netz mitteleuropäische Niederungsgebiete. Die weitverzweigte Auenlandschaft bietet vielfältige Lebensräume für Flora und Fauna. Der Oberspreewald besteht aus einem kleinflächigen Mosaik von über die

Foto 12: Biosphärenreservat Spreewald; bis in die 20er Jahre waren die Fließe im Spreewald meist die einzigen Verbindungen zwischen den Gehöften und Dörfern (Nauber)

Foto 13: Biosphärenreservat Spreewald; Ausflugstourismus auf einem traditionellen Spreekahn (Nauber)

Jahrhunderte gewachsener Landnutzungsformen. Im Gegensatz dazu ist der Unterspreewald vor allem durch naturnahe Waldbestockung geprägt.

Vorkommen gefährdeter/geschützter Pflanzen- und Tierarten der Roten Liste: Flora: Lungenenzian, Schlangenknöterich, Wiesen-Alant, Gottes-Gnadenkraut, Sibirische Sumpf-Schwertlilie

Fauna: Fischotter (Lutra lutra), Schwarzstorch (Ciconia nigra), Myotis myotis, Fischadler (Pandion haliaeetus)

Leiter: Dr. Manfred Werban

Anschrift: Biosphärenreservat Spreewald
Schulstraße 9, D-O-7543 Lübbenau/Spreewald
Tel: (0 35 42) 37 48

3.2.2.11 Biosphärenreservat Südost-Rügen

Das Biosphärenreservat Südost-Rügen liegt in Mecklenburg-Vorpommern und umfaßt den südöstlichen Teil der Insel Rügen, die im südlichen Gebiet der Ostsee liegt (Anerkennung durch die UNESCO am 7. 3. 1991).

Biogeographische Region: 2.11.05
Größe: 22.800 ha
Einwohnerzahl: ca. 11.500 Einwohner

Gliederung:
Zone I (Kernzone): 360 ha
Zone II (Pufferzone): 3.800 ha
Zone III (Übergangszone): 18.640 ha

Naturausstattung in Stichworten:
Das Biosphärenreservat zeichnet sich durch eine vielgestaltige Jungmoränenlandschaft aus. Eiszeitliche Inselkerne mit aktiven Kliffs, Nehrungen, Haken, Bodden und Ausgleichsküsten spiegeln eine enge Durchdringung von Land und Meer wider.

Fauna und Flora sind ausgesprochen artenreich. Sowohl auf dem Halbtrockenrasen als auch in den wenigen Mooren und aufgelassenen Äckern sind viele geschützte und bedrohte Arten zu finden.

Im Biosphärenreservat befinden sich 5 Seen mit einer Gesamtfläche von ca. 270 ha. Drei Seen haben Verbindung zum Greifswalder Bodden, zwei

Seen sind Binnenseen (1 nährstoffarmer Kesselsee mit Hochmoorbildung im Randbereich; 1 Gletscherzungenbecken, das vor ca. 2500 Jahren durch Verlandung von der Ostsee abgetrennt wurde).

Vorkommen gefährdeter/geschützter Pflanzen- und Tierarten der Roten Liste: Flora: Rosmarinheide, Rotbraunes Quellried, Wald-Trespe, Entferntährige Sumpf-Segge, Breit- und Steifblättriges Knabenkraut, Pracht-Nelke, Breitblättriges Wollgras, Strand-Mannstreu, Netzblatt, Porst, Baltische Binse, Natternzunge, Wiesen-Küchenschelle, Knotiges Mastkraut

Fauna: Sperber, Rotmilan, Seeadler

Leiter: Axel Müller

Anschrift: Biosphärenreservat Südost-Rügen
Göhrener Weg 1, D-O-2334 Baabe
Tel: (03 83 03) 3 68, Fax: (03 83 03) 3 68

3.2.2.12 Biosphärenreservat Vessertal

Das Biosphärenreservat Vessertal liegt in Thüringen, im Mittleren Thüringer Wald (Anerkennung durch die UNESCO am 24. 11. 1979).

Biogeographische Region: 2.11.05
Größe: 12.670 ha
Einwohnerzahl: ca. 4.330 Einwohner

Gliederung:
Zone I (Kernzone):   305 ha
Zone II (Pufferzone):   ca. 2.131 ha
Zone III (Übergangszone):   ca. 10.234 ha
   (davon 525 ha als Sanierungsgebiete ausgewiesen)

Das BR Vessertal (420—982 m ü. NN) im Mittleren Thüringer Wald stellt einen repräsentativen Ausschnitt einer hercynischen Mittelgebirgslandschaft dar.

Flächennutzung:
— Wald   14.150 ha
— Grünland   1.200 ha
— Moore   6 ha
— Gewässer   115 ha

— Siedlungen und Einrichtungen des Tourismus	250 ha
— Linienführung: 11 km Gleisstrecke 11 km Bundesfernstraße 65 km Landstraßen	ca. 70 ha

Naturausstattung in Stichworten:

Vorkommen gefährdeter/geschützter Pflanzen- und Tierarten der Roten
Liste: Flora: Wasser- und Wiesenschwertlilie, Sprossender und Keulen-Bärlapp, Gemeiner Flachbärlapp, Blauer und Bunter Eisenhut, Heide- und Pracht-Nelke, Straußenfarn, Grüne Hohlzunge, Gefleckte-, Breitblättrige- und Holunder-Kuckucksblume, Nestwurz, Großes Zweiblatt, Stattliches Knabenkraut

— mindestens 500 Pilzarten, 259 Moosarten, 121 Flechtenarten

Fauna: Schwarz- und Grauspecht, Bekassine, Birkhuhn, Eisvogel, Habicht, Rebhuhn, Neuntöter, Uhu, Wanderfalke, Wasseramsel, Wespenbussard, Rotmilan, Wachtel, Schwarzstorch, Hohltaube, Waldschnepfe, Karmingimpel, Birkenzeisig, Rauhfußkauz

Leiter: Dr. Harald Lange

Anschrift: Biosphärenreservat Vessertal/Thüringer Wald
An der Wilke 4, D-O-6051 Breitenbach
Tel: (03 83 03) 82 35, Fax: (03 83 03) 82 35

3.2.3 Der Beitrag der Biosphärenreservate zur Ökologischen Umweltbeobachtung und Umweltprobenbank in Deutschland

Eine besondere Bedeutung haben die deutschen Biosphärenreservate als Standorte der Ökologischen Umweltbeobachtung (ÖUB) und der Umweltprobenbank (UPB).

Mit Hilfe der im Aufbau befindlichen ÖUB soll versucht werden, in repräsentativen Gebieten, die zusammen landschaftsökologisch einen gesamtstaatlichen Überblick geben, Veränderungen in der Biosphäre möglichst frühzeitig zu erkennen. Die ÖUB liefert in Form von Element-, Faktoren- und Wirkungskatastern für diese Gebiete valide flächendekkende Daten. Integriert in EDV-gestützte Geographische Informationssysteme werden diese untereinander verknüpft, um den Zustand und evtl. Veränderungen der Umwelt von Mensch, Tier und Pflanze als Folge natürlicher Vorgänge und anthropogener Beeinflussung systematisch zu bestimmen bzw. vorherzusagen.

Existierten bislang ausschließlich sektoral orientierte Ansätze der Umweltbeobachtung, die sich auf einzelne Umweltsektoren bzw. Umweltmedien (beispielhaft sei auf das „Integrierte Meß- und Informationssystem zur Überwachung der Radioaktivität in der Umwelt nach dem Strahlenschutzvorsorgegesetz" [IMIS] mit über 2000 Meßstellen in den westdeutschen Bundesländer verwiesen) beschränkten, hat das BMU mit der Weiterentwicklung dieser Monitoring-Systeme zur integrierten Ökologischen Umweltbeobachtung, die das System „Umwelt" gesamt umfaßt, begonnen.

Mit Hilfe der ÖUB wird angestrebt, auch die bislang nur schwer ermittelbaren Auswirkungen auf Lebewesen, Lebensgemeinschaften, Ökosysteme und die Biosphäre als Ganzes rechtzeitig zu erkennen, die oft erst durch eine langfristige, systemare Beobachtung sichtbar werden.

Da die ÖUB nicht unbegrenzt viele Erhebungsräume umfassen kann, muß eine repräsentative Auswahl der Beobachtungsräume getroffen werden. Prädestiniert hierfür sind — neben der Bornhöveder Seenkette und dem Isar-Inn-Hügelland — vor allem die im Rahmen des MAB-Programms ausgewiesenen Biosphärenreservate.

Die Arbeiten zum Aufbau einer nationalen ÖUB werden auf europäischer MAB-Ebene (EUROMAB) im Rahmen des „Biosphere Reserve Integrated Monitoring" (BRIM) koordinierend abgestimmt (vgl. Kap. 3.4), um als Baustein des von der UNESCO geplanten globalen Umweltmonitoringsystems dienen zu können. Zur Förderung der internationalen Zusammenarbeit und als Beitrag zum Aufbau des regionalen bzw. globalen Monitoringnetzes beschloß das Deutsche MAB-Nationalkomitee, den Aufbau und die Entwicklung von Biosphärenreservaten in anderen Staaten zu unterstützen. Nachdem diesbezüglich bereits 1989/1990 ein Kooperationsabkommen mit der damaligen Sowjetunion geschlossen wurde, folgte 1991 die Unterzeichnung eines deutsch-israelischen Naturschutzabkommens mit dem Ziel, in der Nähe der Stadt Haifa das Biosphärenreservat Mount Carmel einzurichten.

Ähnlich wie die ÖUB muß auch die Umweltprobenbank (UPB) ihre Daten in repräsentativen Landschaftsräumen gewinnen. Die UPB stützt sich dabei u. a. ebenfalls auf das Netz der deutschen Biosphärenreservate.

Die UPB, deren Entwicklung mehr als ein Jahrzehnt intensiven Forschens erforderte, dient der Sammlung, Analyse und Lagerung repräsentativer biotischer und abiotischer Umwelt- und Humanorganproben. Die Langzeitlagerung erfolgt unter Bedingungen, die eine Zustandsveränderung oder einen Verlust chemischer Eigenschaften über einen Zeitraum von wenigstens mehreren Jahrzehnten weitestgehend ausschließen.

Mit der Archivierung der in repräsentativen Gebieten gewonnenen Proben (Umweltproben im Forschungszentrum Jülich und Humanproben in der Universität Münster) wird die Voraussetzung geschaffen, retrospektiv Konzentrationen oder Folgeprodukte von Stoffen zu ermitteln, die zum Zeitpunkt ihrer Einwirkung nicht bekannt, noch nicht analysiert waren oder nicht für bedeutsam gehalten wurden.

Als Instrument der Beweissicherung trägt die Umweltprobenbank in Verbindung mit der ÖUB zur Bewältigung von Aufgaben der Bundesregierung mit folgenden Zielsetzungen bei:
— bundesweite Erfassung und Dokumentation der großräumigen Umweltbelastungen durch Stoffe in repräsentativen Ökosystemen (terrestrisch, limnisch, marin),
— jährliche Darstellung von Zustand und Entwicklung repräsentativer Ökosysteme einschließlich Bewertung,
— Früherkennung von Gesundheits- und Umweltgefahren durch alte und neue Stoffe und
— Erfolgskontrolle für die Umweltschutz-, Naturschutz- und Sanierungsinstrumente des Bundes.

3.2.4 Die MAB-Ausstellung „Biosphärenreservate in Deutschland"

Im Rahmen der Internationalen Messe „Technik für Umweltschutz/ ENVITEC '92" in Düsseldorf zeigte das Deutsche MAB-Nationalkomitee vom 25. bis 29. 5. 1992 erstmals seine neue Wanderausstellung „Biosphärenreservate in Deutschland" (vgl. Foto 14). Die gemeinsam mit der „Allianz Stiftung zum Schutz der Umwelt" entwickelte Ausstellung war Teil eines Gemeinschaftsstandes des Bundesministerium für Umwelt,

Naturschutz und Reaktorsicherheit, des Umweltbundesamtes und der Bundesforschungsanstalt für Naturschutz und Landschaftsökologie. Diese 23 Tafeln umfassende Ausstellung stellt Aufgaben und Ziele der Biosphärenreservate in Deutschland vor. Eine Broschüre zur Ausstellung gibt ergänzende Hinweise und Informationen über die deutschen Biosphärenreservate.

Die Betreuung der Ausstellung durch das Nationalkomitee wurde von mehreren Vertretern der Biosphärenreservate unterstützt. In regelmäßig stattfindenden Führungen konnte den Besuchern das MAB-Programm, insbesondere die Arbeiten in Deutschland vorgestellt werden. Zweimal täglich fand — moderiert von Dieter Zimmer — im Rahmen der „Umwelt-Talkshow" eine Kurzvorstellung der MAB-Ausstellung unter Berücksichtigung aktueller, umweltrelevanter Themen statt. Mehrere Rundfunkstationen übertrugen die Diskussionsrunden.

Am ersten Ausstellungstag besuchte Bundesumweltminister Prof. Dr. Klaus Töpfer den Stand mit mehreren Umweltministern osteuropäischer Staaten. Weitere Gäste waren u. a. Staatsminister Schmidbauer (Bundes-

Foto 14: Die Wanderausstellung „Biosphärenreservate in Deutschland" (Euler)

kanzleramt), Herr Abteilungsleiter MinDir. Dr. Bobbert (BMU) und Herr H. Röscheisen (DNR).

Neben den vorrangig technisch ausgerichteten Messeständen stieß die Darstellung des Konzeptes Biosphärenreservat, mit dem Natur- und Kulturlandschaften geschützt, gepflegt und entwickelt werden sollen, auf große Resonanz. Besonders die Gäste der neuen Bundesländern begrüßten, daß die Biosphärenreservat-Ausstellung Ergebnisse einer gesamtdeutschen Umweltpolitik vorstellt. Die Konzeption der Einbindung des Menschen in ein ökologisches Programm für Schutzgebiete wurde als einleuchtend praktikabel und wegweisend angesehen. In bezug auf die touristisch sehr attraktiven Gebiete, wie z. B. den Spreewald, Südost-Rügen, Berchtesgaden oder Schorfheide-Chorin wurde insbesondere begrüßt, daß die tragfähige Entwicklung des Fremdenverkehrs einen wichtigen Stellenwert einnimmt. Die Führungen von Schulklassen zeigte, daß die Ausstellung als Anschauungsmaterial für das Thema Schutz von Natur- und Kulturlandschaften im Unterricht hervorragend geeignet ist.

Im Anschluß an die ENVITEC '92 wurde die Wanderausstellung „Biosphärenreservate in Deutschland" im Informationszentrum des Biosphärenreservates Spreewald und im Rahmen der Tagung der „Gesellschaft für Ökologie" (GfÖ) in Zürich gezeigt.

3.3 Die internationalen Projektbeiträge

Das Deutsche MAB-Nationalkomitee sah es als eine der zentralen Aufgaben an, durch internationale Forschungsprojekte die bilateralen und multilateralen Anstrengungen in den Bereichen Schutz, Pflege und Entwicklung von Natur- und Kulturlandschaften zu unterstützen (vgl. Fig. 14; s. S. 83). Vor allem durch eine enge Zusammenarbeit mit Dritte-Welt-Staaten sollte über die Lösung konkreter Fragestellungen auch ein Beitrag zur Ausbildung von Wissenschaftlern der entsprechenden Staaten geleistet werden. Bereits abgeschlossen ist der deutsche Beitrag zu folgenden Vorhaben:
- MAB-1-Projekt: „San Carlos de Rio Negro" in Venezuela; DFG
- MAB-3-Projekt: „Kenya Arid Lands Research Station" (KALRES) in Kenia; BMZ (vgl. Foto 15; s. S. 84)
- MAB-3-Projekt: „Koordination der Maßnahmen gegen die Desertifikation im Sahel; BMZ

① MAB-1: "San Carlos de Rio Negro" in Venezuela; DFG
② MAB-3: "Kenya Arid Lands Research Station" (KALRES); BMZ
③ MAB-3: Koordination der Maßnahmen gegen die Desertifikation im Sahel; BMZ
④ MAB-6: "International Center of Integrated Mountain Development" (ICIMOD) in Katmandu/Nepal; BMZ
⑤ MAB-1: Ökosysteme tropischer Regenwälder im Rahmen des "Cooperative Ecological Research Project" (CERP) in China; BMFT
⑥ MAB-4: "Arid Ecosystem Research Centre" (AERC) in Israel; BMFT
⑦ MAB-6: "Culture Area Karakorum" (C.A.K.) in Pakistan; DFG
⑧ MAB-13: "Tropenwaldbewirtschaftung" in Madagaskar, Papua Neuguinea und Brasilien; BMZ

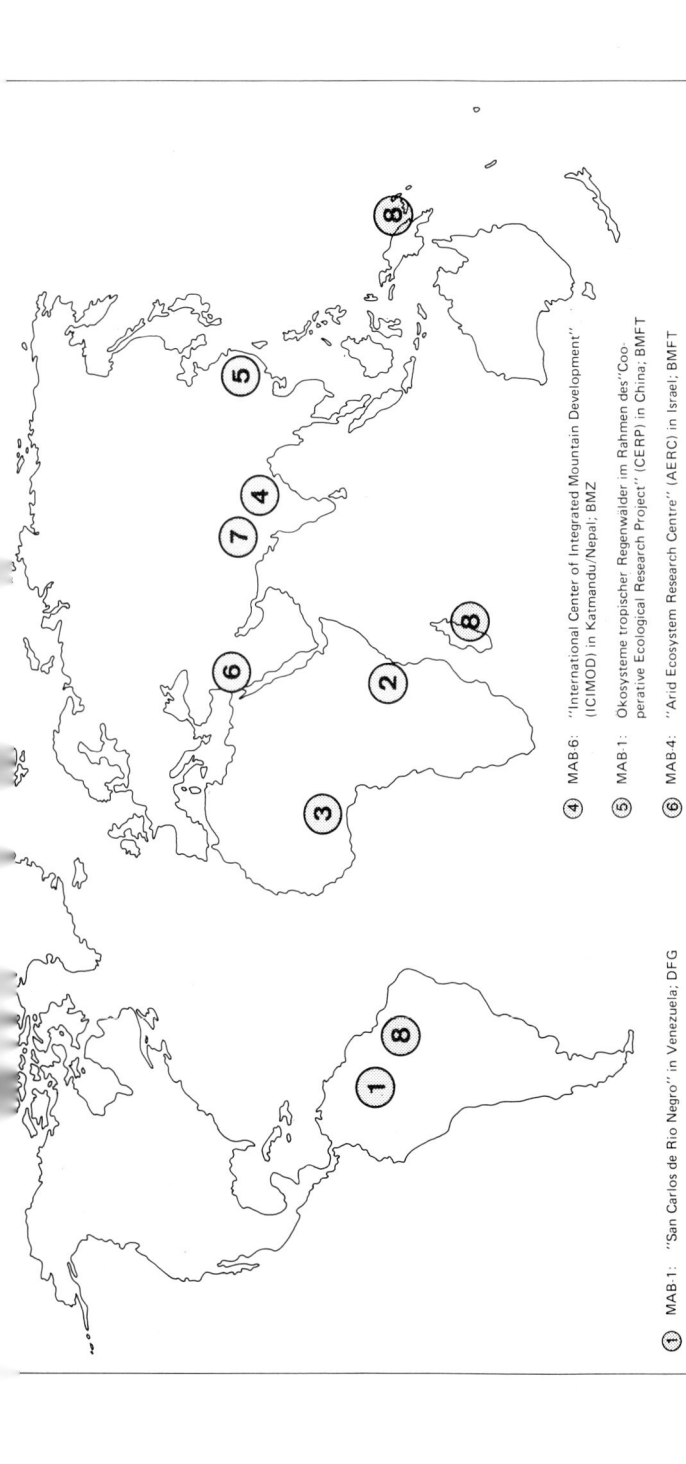

Fig. 14: Die internationalen Beiträge der Bundesrepublik Deutschland zum MAB-Programm

Foto 15: Region des KALRES-Projektes in Kenia (UNESCO)

Foto 16: ICIMOD-Projekt in Nepal; Untersuchung von Gebirgsökosystemen an der Grenze zu China (UNESCO)

○ MAB-6-Projekt: „International Center of Integrated Mountain Development" (ICIMOD) in Nepal; BMZ (vgl. Foto 16)
○ MAB-1-Projekt: Ökosysteme tropischer Regenwälder im Rahmen des „Cooperative Ecological Research Projekt" (CERP) in China; BMFT

Die derzeit laufenden Projekte werden im folgenden zusammenfassend dargestellt.

3.3.1 „Arid Ecosystem Research Centre" (AERC) in Beer Sheba/ Israel (MAB-3)

Seit 1987 fördert das BMFT das gemeinsame deutsch-israelische „Arid Ecosystem Research Centre" (AERC) an der Hebrew University in Beer Sheba/Israel. Vor dem Hintergrund ökosystemarer Gesetzmäßigkeiten arider Räume stehen Fragen zu deren agraren Inwertsetzung im Mittelpunkt der wissenschaftlichen Arbeit. Neben der Entwicklung von neuen Bewässerungssystemen, die sich teilweise an antiken Vorbildern (u. a. Avdat) orientieren, und der Untersuchung von salzresistenten Pflanzen wird vor allem der Agroforst-Forschung großes Gewicht beigemessen.

Die im AERC erzielten Forschungsergebnisse sind nicht nur für die Landesentwicklung des Negev in Israel von großer Bedeutung, sondern können auch in Zukunft für die großen ariden Landschaftsräume in Asien und Afrika Modellcharakter erhalten. Aus diesem Grunde beschlossen das Deutsche und das Israelische Nationalkomitee 1989, das AERC als deutsch-israelisches Gemeinschaftsprojekt in das internationale MAB-Programm einzubringen. Die deutsche Seite wird im wissenschaftlichen Koordinationsrat des AERC von Prof. Dr. Blume (Kiel), Prof. Dr. Lange (Würzburg) und Prof. Dr. Schreiber (Münster) vertreten.

Anschrift: Prof. Dr. Karl-Friedrich Schreiber
Institut für Geographie und Landschaftsökologie
Universität Münster
Robert-Koch-Str. 26, D-W-4400 Münster
Tel.: (02 51) 83 36 99, Fax: (02 51) 83 83 52

3.3.2 „Culture Area Karakorum (C.A.K.)" in Pakistan (MAB-6)

Seit 1990 wird unter der Leitung von Frau Prof. Dr. Stellrecht (Tübingen) und pakistanischen Counterparts im nördlichen Hochgebirge Pakistans das von der Deutschen Forschungsgemeinschaft (DFG) finanzierte Forschungsprojekt „Culture Area Karakorum (C.A.K.)" durchgeführt. In dem interdisziplinären Projekt wirken Wissenschaftler der Physischen und Anthropogeographie, der Wirtschaftswissenschaften, der Ethnologie und der Sprachwissenschaften zusammen. Der Kulturraum Karakorum war — bezogen auf seine Vorländer — historisch gesehen ein Rückzugsgebiet ethnischer, sprachlicher und religiöser Minderheiten. Er zeichnet sich durch extreme Umweltbedingungen, historisch-kulturelle Vielfalt und eine starke horizontale wie vertikale Differenzierung aus. Durch neueste Entwicklungen (z. B. Straßenbau) unterliegt der Kulturraum Karakorum starken Wandlungsprozessen, sowohl im ökologischen, ökonomischen als auch im sozialen Bereich. Ziel des Projektes ist es, diese zu erfassen, zu bewerten und Modelle für die künftige Entwicklung zu erarbeiten.

Anschrift: Frau Prof. Dr. Irmtraud Stellrecht
Völkerkundliches Institut
Schloß, D-W-7400 Tübingen
Tel.: (0 70 71) 29 24 02, Fax: (0 70 71) 29 49 95

3.3.3 „Tropenwaldbewirtschaftung" in Madagaskar, Papua-Neuguinea und Brasilien (MAB-13)

Seit 1989 führt das BMZ im Rahmen einer Zusammenarbeit mit der UNESCO (Funds-in-Trust) in Madagaskar, Papua-Neuguinea und Brasilien Programme zur Tropenwaldbewirtschaftung durch. Das Teilprojekt Madagaskar ist bereits angelaufen, während die Projekträume und -Aktivitäten in den beiden anderen Regionen derzeit noch identifiziert werden. Grundidee und zugleich Ziel des Programms ist der Schutz und die nachhaltige Nutzung tropischer Regenwälder und deren Randzonen unter Einbezug der dort lebenden ländlichen Bevölkerung. Dabei werden in den Teilprojekten jeweils zwei inhaltliche Schwerpunkte gesetzt:
1. Sammeln von Erfahrungen, wie der Tropenwald durch Pufferzonen-(Randzonen-)Entwicklung geschützt und umweltgerecht genutzt werden kann. In den Randzonen der durch menschliche Eingriffe (Methoden der Landnutzung) gefährdeten Waldgebiete wird die ländliche Bevölkerung bei der Einführung ressourcenschonender Bewirtschaftungsmethoden und beim Aufbau geeigneter Selbsthil-

feaktivitäten unterstützt. Der gefährdete Wald ist Bestandteil der Nutzungskonzepte.
2. Es werden Ansätze und Methoden der Umwelterziehung („environmental education") entwickelt und getestet. Ausgehend von einer intensiven Aufklärung der Landbevölkerung über die lokalen, regionalen und globalen Folgen der Tropenwaldzerstörung, wird das Erlernen neuer intensiver Landbewirtschaftungsmethoden, die einen geringen Flächenbedarf aufweisen, angestrebt.
Das Projekt „Tropenwaldbewirtschaftung" ist Teil des Tropenwaldprogramms der UNESCO.

Anschrift: Bundesministerium für wirtschaftliche Zusammenarbeit
Frank Rittner
Postfach, D-W-5300 Bonn 1
Tel.: (02 28) 53 53 40, Fax. (02 28) 53 52 02

3.3.4 „Savannen-Ökosysteme" in Ghana (MAB-4)

Von Oktober 1992 bis Mai 1995 finanziert der BMZ ein MAB-Projekt der UNESCO in Ghana. In dem Projekt „Integriertes Projekt zu Savannen-Ökosystemen in Ghana (CIPSEG) arbeiten der Umweltrat Ghanas, die Universität von Ghana (Accra/Legon) und die Universität für Wissenschaft und Technologie in Komasi zusammen. In Ghanas nördlichen Savannengebieten stellt Umweltdegradierung eine ernsthafte Bedrohung nicht nur der biologischen Diversität, sondern auch des wirtschaftlichen Entwicklungspotentials dar. Der menschliche Einfluß auf die natürlichen Pflanzengesellschaften war derart groß, daß nur noch Reliktstandorte der natürlichen Vegetation existieren. Obwohl keine Aufzeichnungen über das Aussterben der Arten existieren, kann angenommen werden, daß die Biodiversität in den letzten Jahrzehnten erheblich abgenommen hat. Die natürliche Vegetation wurde vor allem durch Feuer, Fluten, landwirtschaftliche Übernutzung, Überweidung, Holzeinschlag oder infolge der städtischen und dörflichen Ausbreitung zerstört. Dennoch existieren einige wenige Bereiche mit natürlicher Vegetation, die vor allem aus religiösen Gründen in der Vergangenheit geschützt wurden.

Projektziel ist die Erarbeitung wissenschaftlicher Grundlagen für den Aufbau der noch existierenden Pflanzengesellschaften in degradierten

Landschaften. Besondere Berücksichtigung soll dabei dem Vergleich der klimatischen und bodenkundlichen Grundlagen zwischen Herkunfts- und Zielort dienen. Voraussetzung für dieses Projekt ist ein fachübergreifender Ansatz und die Entwicklung von Modellen für umweltgerechte Bewirtschaftungsrichtlinien und die Entwicklung von Strategien für eine enge Zusammenarbeit mit der lokalen Bevölkerung.

Anschrift: Bundesministerium für wirtschaftliche Zusammenarbeit
Frank Rittner
Postfach, D-W-5300 Bonn 1
Tel.: (02 28) 53 53 40, Fax: (02 28) 53 52 02

3.4 Internationale Zusammenarbeit im Rahmen von MAB

Ein Kennzeichen des MAB-Programms ist es, daß es ein Regierungsprogramm ist. Jede Regierung ist selbständig in der Formulierung ihrer Programmbeiträge, ausgehend von den nationalen Prioritäten. Im heutigen Zeitalter mit immer komplexer werdenden Problemen ist eine grenzüberschreitende Zusammenarbeit notwendig.

Bilaterale Zusammenarbeit zwischen Nationalkomitees kann nach nachbarschaftlichen Kriterien erfolgen, in der fachspezifischen Zusammenarbeit zweier oder mehrerer Nationalkomitees oder im Rahmen der Zusammenarbeit mit Entwicklungsländern. Beispiel hierfür ist das DFG-finanzierte Projekt mit Pakistan (3.3.2) oder die bilaterale Zusammenarbeit mit dem Nationalkomitee der Dominikanischen Republik und das vom BMFT finanzierte Projekt mit Israel (3.3.1).

In einer anderen Art der Zusammenarbeit werden der UNESCO sogenannte Treuhandmittel für bestimmte MAB-Projekte zweckgebunden zur Verfügung gestellt. Beispiele sind das vom BMFT finanzierte CERP-Projekt mit China und das vom BMZ finanzierte Tropenwaldprojekt in Madagaskar, Brasilien und Papua-Neuguinea (3.3.3).

Die den verschiedenen Regionen der Erde zugehörigen Staaten haben in der Regel regionalspezifische gemeinsame Grundlagen und auch ähnliche Probleme. Die UNESCO unterstützt daher die regionale Zusammenarbeit. Gegenwärtig sind regionale MAB-Netze in Mittel- und Südamerika im Aufbau, ein regionales Netz in Westafrika in Vorbereitung.

Diese notwendige regionale Zusammenarbeit leidet besonders an der allgemeinen Mittelknappheit; zwar ist sie dringend erforderlich, da jedoch konkrete Ergebnisse nicht kurzfristig zu erwarten sind und relativ hoher Mitteleinsatz notwendig ist, erfährt die regionale Zusammenarbeit nur eine geringe Unterstützung. Nicht zuletzt aufgrund der vergleichsweise umfangreichen Mittel in Europa ist es gelungen, eine europäische Zusammenarbeit (einschließlich Nordamerika) als EUROMAB seit 1989 zu institutionalisieren.

Im Rahmen der bilateralen Zusammenarbeit mit den MAB-Nationalkomitees anderer Staaten unterstützte MAB Deutschland das Nationalkomitee der Dominikanischen Republik bei der Vorbereitung der Ausweisung von zwei Biosphärenreservaten (vgl. Foto 17). Außerdem wurden Grundlagen für eine Umweltbeobachtung und einen Forschungsrahmenplan für die Biosphärenreservate erarbeitet. Gerade in Entwicklungsländern werden große Erwartungen in das Konzept der Biosphärenreservate gesetzt, da es ausdrücklich die wirtschaftliche Entwicklung der betreffenden Gebiete mit dem Schutz und der nachhaltigen Nutzung der natürlichen Ressourcen verbindet.

Foto 17: Landschaft in der Dominikanischen Republik; potentielles Biosphärenreservat (Nauber)

Im Berichtszeitraum wurde ein besonders intensiver Kontakt mit den MAB-Nationalkomitees folgender Staaten gepflegt: CSFR, Dänemark, Frankreich, Großbritannien, Israel, Niederlande, Österreich, Pakistan, UdSSR, USA.

3.4.1 EURO-MAB

Ausgehend von dem „All-europäischen Konzertierungstreffen" aller europäischen MAB-Nationalkomitees 1987 in Berchtesgaden wurde auf deutsche Anregung die regionale Zusammenarbeit in Europa auf dem EUROMAB II-Kongreß 1989 in der CSFR als EUROMAB institutionalisiert. Frankreich veranstaltete 1991 den EUROMAB III-Kongreß; für 1993 hat Polen die Europäer zu EUROMAB IV nach Zakopane eingeladen.

Aufgabe dieser EUROMAB-Sitzungen ist die inhaltliche Koordination wichtiger MAB-Arbeitsschwerpunkte sowie die Anregung grenzüberschreitender „Vergleichender Studien". Ergebnis der europäischen MAB-Zusammenarbeit ist u. a. die Einrichtung mehrerer thematischer und subregionaler Netzwerke:
○ Das Ökotonprogramm
○ Netzwerk zur Erforschung der Auswirkungen von Landnutzungsänderungen
○ Netzwerk zur Forschung in temperierten Waldökosystemem
○ Das „Northern Science Network"
○ Umweltbeobachtung in Biosphärenreservaten (Biosphere Reserves Integrated Monitoring [BRIM])

3.4.1 Biosphere Reserve Integrated Monitoring (BRIM)

Die EUROMAB III-Konferenz von 1991 in Frankreich hatte u. a. beschlossen, in Europa beispielhaft eine Umweltbeobachtung unter Einsatz der etwa 160 europäischen Biosphärenreservate zu planen und einzurichten.

In Biosphärenreservaten werden teilweise schon seit vielen Jahren Daten zur Erfassung des Zustandes und der voraussichtlichen Entwicklung der Umwelt erhoben. Mittels Zusammenführung und Auswertung der bestehenden Daten sowie der zielgerichteten und harmonisierten Beobachtung neuer Parameter wird MAB versuchen, den gegenwärtigen Zustand der Biosphärenreservate in Europa zu charakterisieren und Vorhersagen für ihre weitere Entwicklung zu treffen. Entsprechend dem erweiterten MAB-Ansatz sind hierfür nicht nur naturwissenschaftliche, sondern auch die die relevanten sozio-ökonomischen Beobachtungen heranzuziehen. MAB arbeitet dabei mit den relevanten internationalen Organisationen, z. B. mit UNEP, ICSU (IGBP), IUCN zusammen.

Es ist vorgesehen, in jedem teilnehmenden Land einen nationalen Knotenpunkt einzurichten. Ein gesamteuropäischer Knotenpunkt wird die nationalen Daten zu einem europäischen Gesamtbild zusammenfügen. In weiteren Phasen ist die harmonisierte Zusammenarbeit mit anderen regionalen Umweltbeobachtungsnetzen auf weltweiter Ebene vorgedacht.

Als erster Schritt wird Anfang 1993 ein „Directory" veröffentlicht, das eine Zusammenstellung aller Forschungsbereiche der europäischen Biosphärenreservate enthält.

3.5 Personal der MAB-Geschäftsstelle

Im Berichtszeitraum konnte die Arbeit in der Geschäftsstelle mit den schon längerfristig mitwirkenden Mitarbeitern fortgeführt werden. Leiter der Geschäftsstelle ist seit 29. August 1988 der Dipl.-Forstwirt Jürgen Nauber. Als wissenschaftlicher Mitarbeiter ist seit 15. Juli 1988 Karl-Heinz Erdmann (Geograph, Religions- und Erziehungswissenschaftler) tätig. Die Sachbearbeitung der Geschäftsstelle liegt in den Händen von Frau Uta Seibt (seit 23. September 1986) und Frau Ursula Neumann (seit 1. März 1990). Im Berichtszeitraum wurden von der Geschäftsstelle insgesamt fünf Praktikanten betreut.

3.6 Perspektiven der künftigen Arbeit des Deutschen MAB-Nationalkomitees

Das ökologische Programm der UNESCO „Der Mensch und die Biosphäre" (MAB) kann mittlerweile auf einen 20jährigen erfolgreichen Verlauf zurückblicken. Im Rahmen internationaler interdisziplinärer Zusammenarbeit konnten zum Verständnis der Mensch-Umwelt-Beziehungen wichtige Forschungsergebnisse erzielt werden.

Um künftige Umweltplanungen auf einer stärker rational begründeten Basis — orientiert an den ethischen Maßstäben naturangepaßt und menschengerecht — ausrichten zu können, wird ein stärker abgestimmtes internationales Handeln notwendig sein. Dies vor allem, da die Lösung von Umweltproblemen in vielen Fällen die Möglichkeiten von Einzelstaaten übersteigen und viele Umweltprobleme erst durch — wie das Beispiel Zunahme des CO_2-Gehaltes in der Erdatmosphäre zeigt — den Beitrag vieler Staaten eine globale Dimension erhalten.

Schwerpunkte in der internationalen Zusammenarbeit des Deutschen MAB-Nationalkomitees werden in Zukunft vor allem die folgenden Bereiche sein: Biosphärenreservate, Landnutzung, Ökologische Umweltbeobachtung sowie Umwelterziehung.

Es wird Aufgabe von MAB und den mitwirkenden Nationalkomitees sein, die internationale Zusammenarbeit nicht nur im wissenschaftlichen Bereich zu stärken, sondern auch einen Beitrag zum Aufbau einer Weltbürger-Gemeinschaft zu leisten, die auch die Interessen der nichtmenschlichen Natur berücksichtigt. Die alles überragende Frage wird sein, ob es der Menschheit gelingt, Perspektiven für eine Partnerschaft unter den Menschen zu entwickeln. Es wird aber nicht nur Engagement erforderlich sein, sondern in gleichem Umfang auch eine entsprechende Flexibilität, um für künftig mögliche neue Probleme und Fragestellungen auch neue Lösungen zu erarbeiten.

Neben der Förderung neuer Erkenntnisse müssen sich die im Bereich der Umweltwissenschaften tätigen Wissenschaftler weltweit — stärker als dies in der Vergangenheit geschehen ist — mit der Umsetzung bzw. Verwertung ihrer Forschungsergebnisse und Fragen zum Wissenstransfer auseinandersetzen. Denn erst wenn es gelingt, auch ein entsprechendes Bewußtsein für die Probleme zu fördern und in ein verantwortliches Handeln umzusetzen, werden grundsätzliche Verbesserungen in den Mensch-Umwelt-Beziehungen verwirklicht werden können. Dafür wird es auch nötig sein, pädagogische Aspekte, d. h. wie können humane Werte vermittelt werden, die auch ein umweltgerechtes Verhalten entwickeln helfen, in die MAB-Arbeit mit einzubeziehen.

Zur vorausschauenden Planung werden von der „Ständigen Arbeitsgruppe Deutscher Biosphärenreservate" zur Harmonisierung der Arbeiten im deutschen Netz die „Leitlinien für Schutz, Pflege und Entwicklung in deutschen Biosphärenreservaten" erstellt. Die Aufnahme weiterer großflächiger Landschaftsräume Deutschlands in das Biosphärenreservat-Netz der UNESCO ist geplant. Welche Landschaftsräume in Deutschland — zur Erlangung eines gesamtstaatlichen Überblickes — als Biosphärenreservate noch auszuweisen wären, wird künftig die ‚Arbeitsgruppe Biosphärenreservate' des Deutschen MAB-Nationalkomitees beraten. Mit der geplanten Aufnahme der Kategorie „Biosphärenreservat" in das Bundesnaturschutzgesetz werden sie auch national eine zunehmend wachsende Bedeutung erlangen und helfen, die Umwelt- und Naturschutzbestrebungen der Bundesregierung weiter zu fördern.

Neben der Zusammenarbeit mit nationalen und internationalen Behörden wird das Deutsche Nationalkomitee, auch zur Umsetzung der in Rio de Janeiro vom 3. bis 14. 6. 1992 im Rahmen der „UN-Konferenz für Umwelt und Entwicklung" (UNCED) gefaßten Beschlüsse, eine enge Zusammenarbeit mit weiteren wissenschaftlichen Umweltprogrammen anstreben. Eine besonders wichtige Aufgabe der Zukunft wird die Stärkung der Zusammenarbeit im internationalen Biosphärenreservatenetz bilden. Neben dem Abschluß von Partnerschaften zwischen einzelnen Biosphärenreservaten (BR Rhön und BR Southern Appalachian/USA; BR Schleswig-Holsteinisches Wattenmeer und BR Taimyr/Rußland) können beispielsweise
— im bayerisch-tschechisch-österreischischen Grenzraum (Bayerischer Wald/Böhmerwald/Sumava)
— im bayerisch-österreichischen Grenzraum (Berchtesgaden und Salzburg)
— im niederländisch-deutsch-dänischen Wattenmeerraum
— im deutsch-französischen Grenzraum (Pfälzer Wald/Nordvogesen)
grenzüberschreitende Biosphärenreservate geschaffen werden.

Im Interesse einer vorausschauenden und vorsorgenden Umweltpolitik ist es dringend geboten, festzulegen, wie sich in Zukunft die Landschaft entwickeln soll und welche Teile von Natur und Landschaft besonderen Schutz erhalten müssen. Hierzu hat das MAB-Programm schon in der Vergangenheit weltweit einen großen Beitrag geleistet und wird dies auch in Zukunft tun, denn letztendlich kann das Verhältnis von Mensch und Natur nur auf dem Wege geregelter Landnutzung zum beiderseitigen Nutzen verbessert werden.

4. Anhang

4.1 Verzeichnis der Abkürzungen

BB	Brandenburg
BMBau	Bundesministerium für Raumordnung, Bauwesen und Städtebau
BMBW	Bundesministerium für Bildung und Wissenschaft
BMFT	Bundesministerium für Forschung und Technologie
BMI	Bundesministerium des Inneren
BMU	Bundesministerium für Umwelt, Naturschutz und Reaktorsicherheit
BMZ	Bundesministerium für wirtschaftliche Zusammenarbeit
BR	Biosphärenreservat
DFG	Deutsche Forschungsgemeinschaft
DSE	Deutsche Gesellschaft für internationale Entwicklung
DUK	Deutsche UNESCO-Kommission
GTZ	Gesellschaft für technische Zusammenarbeit
IBP	Internationales Biologisches Programm
ICC	International Coordinating Council
IGBP/GC	International Geosphere-Biosphere Programme/ Global Change
IGCP	International Geological Correlation Programme/ Internationales Geologisches Korrelationsprogramm
IHP	International Hydrological Programme/ Internationales Hydrologisches Programm
INTECOL	International Society of Ecology
IOC	Intergovernmental Oceanographic Commission/ Zwischenstaatliche Ozeanographische Kommission

IUBS	International Union of Biological Scientists
MAB	Man and the Biosphere/Der Mensch und die Biosphäre
MV	Mecklenburg-Vorpommern
NK	Nationalkomitee
NP	Nationalpark
ÖSF	Ökosystemforschung
ÖUB	Ökosystemare Umweltbeobachtung
SCOPE	Scientific Committee of Problems in the Environment
SH	Schleswig-Holstein
SN	Sachsen
ST	Sachsen-Anhalt
TH	Thüringen
UK	United Kingdom
UNESCO	United Nations Educational, Scientific and Cultural Organisation
USA	United States of America

4.2 Mitglieder des Deutschen MAB-Nationalkomitees

Vorsitzender

> Herr RD Dr. Andreas von GADOW
> Vorsitzender des MAB-Nationalkomitees
> Bundesministerium für Umwelt, Naturschutz
> und Reaktorsicherheit
> Postfach 12 06 29, D-W-5300 Bonn 1
> Tel.: (02 28) 3 05 26 60, Fax: (02 28) 3 05 26 95

Vertreter der Fachdisziplinen

> Herr Prof. Dr. Klaus-Achim BOESLER
> Institut für Wirtschaftsgeographie der Universität Bonn
> Meckenheimer Allee 166, D-W-5300 Bonn 1
> Tel.: (02 28) 73 72 38, Fax: (02 28) 73 75 06

Herr Prof. Dr. Hans-Rudolf BORK
Zentrum für Agrarlandschafts- und
Landnutzungsforschung (ZALF) e. V.
Wilhelm-Pieck-Straße 72, D-O-1278 Müncheberg
Tel.: (03 34 32) 8 22 00, Fax: (03 34 32) 8 22 12

Herr Prof. Dr. Eberhard F. BRUENIG
Institut für Weltforstwirtschaft
BFA für Forst- und Holzwirtschaft
Leuschnerstr. 91, D-W-2050 Hamburg 80
Tel.: (0 40) 72 52 28 35, Fax: (0 40) 73 96 24 80

Herr Prof. Dr. Dietrich DÖRNER
Universität Bamberg
Lehrstuhl für Psychologie II
Markusplatz 3, D-W-8600 Bamberg
Tel.: (09 51) 8 63 18 61, Fax: (09 51) 60 15 11

Herr Dr. Bernhard FINK
Oldenburgallee 14, D-W-1000 Berlin 19
Tel.: (0 30) 3 05 45 47

Herr Prof. Dr. Otto FRÄNZLE
Geographisches Institut der Universität Kiel
Olshausenstraße 40—60, D-W-2300 Kiel
Tel.: (04 31) 8 80 34 26, Fax: (04 31) 8 80 46 58

Herr MinR a. D. Wilfried GOERKE
Keltenweg 11, D-W-5484 Bad Breisig
Tel.: (0 26 33) 93 99

Herr Prof. Dr. Gode GRAVENHORST
Institut für Bioklimatologie der Universität Göttingen
Büsgenweg 1, D-W-3400 Göttingen
Tel.: (05 51) 39 36 82, Fax: (05 51) 39 96 29

Herr Dr. Wolf-Dieter GROSSMANN
UFZ-Umweltforschungszentrum Leipzig-Halle GmbH
Permoserstraße 15, D-O-7050 Leipzig
Tel.: (03 41) 23 92-22 13, Fax: (03 41) 23 92-27 91 od. 26 49

Herr Dr. Ulrich de HAAR
Deutsche Forschungsgemeinschaft
Kennedyallee 40, D-W-5300 Bonn 2
Tel.: (02 28) 8 85 23 33, Fax: (02 28) 8 85 22 21

Herr Prof. Dr. Günter HAASE
Sächsische Akademie der Wissenschaften zu Leipzig
Goethestraße 3/5, D-O-7010 Leipzig
Tel.: (03 41) 28 10 81

Herr Prof. Dr. Wolfgang HABER
Lehrstuhl für Landschaftsökologie
der Technischen Universität München
D-W-8050 Freising-Weihenstephan
Tel.: (0 81 61) 71 34 95, Fax: (0 81 61) 71 44 27

Herr Prof. Dr. Wolf HÄFELE
Wissenschaftlicher Direktor
Forschungszentrum Rossendorf e. V.
Postfach 19, D-O-8051 Dresden
Tel.: (03 51) 5 91 23 50, Fax: (03 51) 3 61 74

Herr Dr. Alexander von HESLER
Umlandverband Frankfurt
Am Hauptbahnhof 18, D-W-6000 Frankfurt/Main
Tel.: (0 69) 2 57 75 10, Fax: (0 69) 2 57 75 16

Herr Dr. Robert HOLZAPFL
Bayerische Forstliche Versuchs- und Forschungsanstalt
Schellingstraße 12—14, D-W-8000 München 40
Tel.: (0 89) 21 80 31 10, Fax: (0 89) 21 80 31 45

Frau Prof. Dr. Gudrun KAMMASCH
TFH Berlin
FB 14 Lebensmitteltechnologie
Kurfürstenstraße 141, D-W-1000 Berlin 30
Tel.: (0 30) 45 04 28 22, Fax: (0 30) 2 61 54 84

Herr Prof. Dr. Fritz Hubertus KEMPER
Institut für Pharmakologie und Toxikologie
der Universität Münster
Domagkstraße 12, D-W-4400 Münster
Tel.: (02 51) 83 55 10, Fax: (02 51) 83 55 24

Herr Dr. Hartmut KEUNE
UNEP/HEM-Büro
c/o GSF
Ingolstädter Landstraße 1, D-W-8042 Neuherberg
Tel.: (0 89) 31 87 54 87 od. 54 88, Fax: (0 89) 31 87 33 25

Frau Prof. Dr. Lenelis KRUSE
Ökologische Psychologie
Fernuniversität Hagen
Postfach 9 40, D-W-5800 Hagen
Tel.: (0 23 31) 8 04 27 75, Fax: (0 23 31) 8 04 27 09

Herr Prof. Dr. Helmut LIETH
Fachbereich Biologie/Chemie der Universität Osnabrück
Postfach 44 69, D-W-4500 Osnabrück
Tel.: (05 41) 9 69 28 35 od. 25 75, Fax: (05 41) 9 69 25 70

Herrn Prof. Dr. Clas M. NAUMANN
Zoologisches Forschungsinstitut
Museum Alexander Koenig
Adenauerallee 162, D-W-5300 Bonn 1
Tel.: (02 28) 9 12 22 00, Fax: (02 28) 9 12 22 02

Herr Prof. Dr. Harald PLACHTER
Philipps-Universität Marburg
FB Biologie — Naturschutz
Karl-von-Frisch-Straße, D-W-3550 Marburg
Tel.: (0 64 21) 28 57 07, Fax: (0 64 21) 28 20 57

Herr Prof. Dr. Peter SCHMIDT
TU Dresden
Abt. Forstwirtschaft
Pienner Straße 8, D-O-8223 Tharandt
Tel.: (03 52 03) 62 31, Telex: 26 424

Frau Prof. Dr. Irmtraud STELLRECHT
Völkerkundliches Institut
Schloß, D-W-7400 Tübingen
Tel.: (0 70 71) 29-24 02, Fax: (0 70 71) 29-49 95

Herr Prof. Dr. Michael STUBBE
Martin-Luther-Universität Halle-Wittenberg
Lehrstuhl für Tierökologie
Domplatz 4, D-O-4010 Halle
Tel.: (03 45) 2 81 82, Fax: (03 45) 2 95 15

Herr Prof. Dr. Michael SUCCOW
Dankelmannstraße 17, D-O-1300 Eberswalde-Finow
Tel.: (00 37-3 17) 2 24 49, Fax.: (00 37-3 17) 2 24 49

Herr Prof. Dr. Karl Hermann TJADEN
FPN Arbeitsforschung und Raumentwicklung der
Gesamthochschule/Universität Kassel
Nora-Platiel-Straße 1 u. 5, D-W-3500 Kassel
Tel.: (05 61) 8 04 31 35, Fax: (05 61) 8 04 23 30

Vertreter von Fachressorts des Bundes

Herr MinR Helmut SCHULZ
Stellvertretender Vorsitzender des MAB-Nationalkomitees
Bundesministerium für Forschung und Technologie
Postfach, D-W-5300 Bonn 1
Tel.: (02 28) 59 33 97, Fax: (02 28) 59 36 01

Auswärtiges Amt
Herr VLR I Georg von NEUBRONNER
Referat 615
Postfach, D-W-5300 Bonn 1
Tel.: (02 28) 17-31 83, Fax: (02 28) 17-32 66

Bundesministerium der Finanzen
MinR Graf Gisbert v. WESTPHALEN
Postfach, D-W-5300 Bonn 1
Tel.: (02 28) 6 82 46 05, Fax: (02 28) 6 82 72 72

Bundesministerium der Finanzen
— Bundesvermögensverwaltung —
Herr MinR Dietrich von HIRSCHHEYDT
Postfach, D-W-5300 Bonn 1
Tel.: (02 28) 6 82 25 67, Fax: (02 28) 6 82 44 66

Bundesministerium für Ernährung, Landwirtschaft
und Forsten
Herr MinR Rudolf ELSNER
Postfach, D-W-5300 Bonn 1
Tel.: (02 28) 5 29 33 97, Fax: (02 28) 5 29 42 62

Bundesministerium für Raumordnung, Bauwesen
und Städtebau
Herr MinR Rainer PIEST
Postfach, D-W-5300 Bonn 2
Tel.: (02 28) 3 37 43 65, Fax: (02 28) 3 37 43 76

Bundesministerium für Bildung und Wissenschaften
Herr MinR Dr. Hans-Herbert WILHELMI
Postfach, D-W-5300 Bonn 2
Tel.: (02 28) 57 28 65, Fax: (02 28) 57 28 21

Bundesministerium für wirtschaftliche Zusammenarbeit
Herr Frank RITTNER
Postfach, D-W-5300 Bonn 2
Tel.: (02 28) 53 53 40, Fax: (02 28) 53 52 02

Vertreter von Fachressorts der Länder

Bayerisches Staatsministerium für Landesentwicklung
und Umweltfragen
Herr MinR Dipl.-Ing. Dieter MAYERL
Rosenkavalierplatz 2, D-W-8000 München 81
Tel.: (0 89) 92 14 33 12, Fax: (0 89) 92 14 36 22

Ministerium für Umwelt und Gesundheit
des Landes Rheinland-Pfalz
Herr MinDirig Dr. Wolf von OSTEN
Kaiser-Friedrich-Straße 7, D-W-6500 Mainz
Tel.: (0 61 31) 16 26 75, Fax: (0 61 31) 16 46 46

Ministerium für Umwelt, Naturschutz und Raumordnung
Herr Dr. Friedrich WIEGANK
Albert-Einstein-Straße 42—46, D-O-1561 Potsdam
Tel.: (03 31) 31 12 17, Fax: (03 31) 2 25 85 od. 2 23 00

Vertreter von Fachinstitutionen

Bundesanstalt für Gewässerkunde (BfG)
c/o Internationales Hydrologisches Programm (IHP)
Herr Prof. Dr. Karl HOFIUS
Kaiserin-Augusta-Anlage 15—17, Postfach 309,
D-W-5400 Koblenz
Tel.: (02 61) 1 30 63 13, Fax: (02 61) 1 30 63 02

Bundesforschungsanstalt für Naturschutz
und Landschaftsökologie (BFANL)
Herr DuP Dr. Walter MRASS
Konstantinstraße 110, D-W-5300 Bonn 2
Tel.: (02 28) 8 49 12 06, Fax: (02 28) 8 49 12 00

Deutsche UNESCO-Kommission (DUK)
Herr Dr. Folkert PRECHT
Colmantstraße 15, D-W-5300 Bonn 1
Tel.: (02 28) 69 20 97, Fax: (02 28) 63 69 12

Deutscher Wetterdienst (DWD)
Herr Dr. Karsten HEGER
Frankfurter Straße 135, D-W-6050 Offenbach/Main
Tel.: (0 69) 80 62 23 94, Fax: (0 69) 80 62 24 84

Umweltbundesamt (UBA)
Herr Dr. Andreas TROGE
Stellv. Präsident des Umwelbundesamtes
Bismarckplatz 1, D-W-1000 Berlin 33
Tel.: (0 30) 89 03 22 41, Fax: (0 30) 89 03 22 85

4.3 Aktivitäten der MAB-Geschäftsstelle im Berichtszeitraum

1. 6.—31. 7. 1990 MAB-Ausstellung „Forschung im Hochgebirge" in Erfurt/DDR im Rahmen der Internationalen Gartenbauausstellung; gemeinsam mit dem MAB-Nationalkomitee der DDR

12.—13. 7. 1990	Teilnahme am DFG-Rundgespräch „Forschung im Ökosystem Tropenwald" in der Deutschen Forschungsgemeinschaft, Bonn (Nauber)
12. 9. 1990	MAB-BMZ-Rundgespräch „Umwelterziehung" in der BFANL, Bonn (Erdmann, Nauber)
16.—21. 9. 1990	Teilnahme an der Jahrestagung der „Gesellschaft für Ökologie" (GfÖ) in Freising-Weihenstephan (Erdmann)
19. 9. 1990	Besprechung in BFANL mit einer thailändischen Delegation bezüglich Tropischer Regenwälder (Nauber)
24. 9. 1990	Treffen der BR-Verwaltungen im Bayerischen Wald, Grafenau; Erarbeitung einer Struktur für einen „Deutschen Biosphärenreservat-Aktionsplan" (Nauber)
8.—9. 10. 1990	27. Sitzung des Deutschen MAB-Nationalkomitees in Müritz/Brandenburg; Zentrale Lehrstätte (Erdmann, Nauber)
24. 10. 1991	Sitzung der Ständigen Arbeitsgruppe der deutschen BR in Berlin (Nauber)
12.—16. 11. 1990	Teilnahme an der 11. Sitzung des „Internationalen MAB-Koordinierungsrates in Paris (Nauber)
20.—23. 11. 1990	Teilnahme an der Tagung „Nationalparke in den ostdeutschen Bundesländern" auf der Insel Vilm/ Mecklenburg-Vorpommern; Referat zum Biosphärenreservatprogramm der UNESCO und dessen Umsetzung in Deutschland (Erdmann)
15.—18. 1. 1991	GTZ, Eschborn: Technical Cooperation in Nature Conservation (Nauber)
15.—16. 2. 1991	Teilnahme an der Tagung der „Gesellschaft für Tropenökologie", Freiburg i.Br. (Nauber)
5.—7. 3. 1991	Teilnahme an der Sitzung des ICC-Bureaus in Paris (Nauber)

13. 3. 1991	UNESCO-Club Wuppertal, Vortrag über MAB (Erdmann)
25.—27. 3. 1991	2. Sitzung der Ständigen Arbeitsgruppe der deutschen BR in Berchtesgaden; am 27. 3. 1991 Überreichung der BR-Urkunde (Nauber)
27.—28. 5. 1991	3. Sitzung der Ständigen Arbeitsgruppe der deutschen BR in Oberelsbach (Nauber)
31. 5. 1991	Überreichung der Urkunde an BR Schorfheide-Chorin in Eberswalde/Brandenburg (Nauber)
3. 6. 1991	Überreichung der Urkunde an BR Spreewald in Lübbenau (Nauber)
16. 7. 1991	Besprechung bezüglich der Deutsch-Israelischen Zusammenarbeit; BMU (Erdmann)
20.—26. 8. 1991	Reise nach Israel; Zusammenarbeit im Bereich der Biosphärenreservate (Erdmann)
31. 8. 1991	Besprechung mit Prof. Dr. Klimo in Bonn (Vorbereitung auf EUROMAB) (Nauber)
2.—6. 9. 1991	Teilnahme an der III. EUROMAB-Konferenz in Straßburg/Frankreich (Nauber)
9.—11. 9. 1991	Teilnahme an dem Abschluß-Workshop des MAB-6-Projektes Berchtesgaden (Erdmann)
16.—19. 9. 1991	Teilnahme an der Jahrestagung der „Gesellschaft für Ökologie" Berlin (Erdmann), Organisation der Sektion zum MAB-Programm
18.—21. 9. 1991	Teilnahme an der GEOTECHNICA in Köln; Ausstellung der Posterserie „Ökologie in Aktion" (Petra Sauerborn i. A. der MAB-Geschäftsstelle)
25. 9. 1991	Überreichung der Urkunden an BR Rhön in Kaltensundheim/Thüringen (Nauber)
23.—27. 9. 1991	Teilnahme am Deutschen Geographentag in Basel/Schweiz; Vortrag zum MAB-Programm (Erdmann)

14.—15. 10. 1991	4. Sitzung der Ständigen Arbeitsgruppe der deutschen BR in Eberswalde/Brandenburg (Nauber)
24.—31. 10. 1991	Teilnahme an der 26. Generalkonferenz der UNESCO in Paris (Nauber)
11.—12. 11. 1991	28. Sitzung des deutschen MAB-Nationalkomitees in der Bayerischen Vertretung bei der Bundesregierung, Bonn (Erdmann, Nauber)
29.—30. 1. 1992	1. Sitzung der MAB-NK-Arbeitsgruppen in Königswinter/NRW (Erdmann, Nauber)
22.—24. 3. 1992	5. Sitzung der Ständigen Arbeitsgruppe der deutschen BR in Tönning (Nauber)
31. 3. 1992	Besuch des Stellvertretenden Umweltministers der Mongolei bei MAB; Besprechung bezüglich einer Zusammenarbeit im Bereich der Biosphärenreservate (Erdmann)
7.—8. 4. 1992	Treffen der MAB-AG „Umweltbewußtsein — Umwelthandeln" in Eberswalde/Brandenburg — Besprechung von Projektvorschlägen (Erdmann)
9. 4. 1992	Besprechung mit Prof. Dr. Umaly, Direktor des „Southeast Asian Ministry of Education Secretariat" (SEAMES) über Zusammenarbeit im Rahmen von MAB (Erdmann)
24. 4. 1992	Teilnahme an der Tagung in Uftrungen/Sachsen-Anhalt zur Ausweisung des Südharzes als Biosphärenreservat; Referat zum Biosphärenreservatprogramm in Deutschland (Erdmann)
18. 5. 1992	Besprechung mit Herrn Panneck (Pro Nationalpark Kellerwald) bezüglich einer Ausweisung des „Kellerwaldes" als Biosphärenreservat (Erdmann, Nauber)
5. 6. 1992	Vortrag im Geographischen Institut Uni Bonn zum „Ethischen Ansatz des MAB-Programms" (Erdmann)
25.—26. 6. 1992	6. Sitzung der Ständigen Arbeitsgruppe der deutschen BR im Vessertal (Nauber)

4.4 Veröffentlichungen der MAB-Geschäftsstelle im Berichtszeitraum

— ASHDOWN, M. und J. SCHALLER (1990): Geographische Informationssysteme und ihre Anwendung in MAB-Projekten, Ökosystemforschung und Umweltbeobachtung/Geographic Information Systems and their Application in MAB-Projects, Ecosystem Research and Environmental Monitoring. — MAB-Mitteilungen 34

— DEUTSCHES MAB-NATIONALKOMITEE (Hrsg.) (1991): Der Mensch und die Biosphäre. Internationale Zusammenarbeit in der Umweltforschung. — Bonn (2. veränderte Auflage)

— DEUTSCHES MAB-NATIONALKOMITEE (Hrsg.) (1992): Biosphärenreservate in Deutschland. Begleitbroschüre zur Wanderausstellung. — Bonn

— ERDMANN, K.-H. (1990): Bodenerosion im Bonner Raum — Geomorphologische und historische Untersuchungen zu einer umweltverträglicheren Bodennutzung in: PFADENHAUER, J. und ANDERLIK, G. (Hrsg.): 20. Jahrestagung der Gesellschaft für Ökologie in Freising-Weihenstephan. Tagungsführer und Kurzfassungen der Vorträge und Poster. — Freising, S. 65

— ERDMANN, K.-H. (1991): Der Mensch und die Biosphäre in: Nationalpark Nr. 70, 1/91, S. 8—12

— ERDMANN, K.-H. (1991): Deutsche Biosphärenreservate in: GESELLSCHAFT FÜR ÖKOLOGIE (Hrsg.): 21. Jahrestagung 1991 in Berlin. Programm und Kurzfassungen der Vorträge und Poster. — Berlin, S. 60—61

— ERDMANN, K.-H. und DRATHS, M. (1992): Zur Bedeutung des Wissens in der Umwelterziehung. Ein Beitrag zur Förderung umweltverantwortlichen Handelns. — MAB-Mitteilungen 36, S. 192—215

— ERDMANN, K.-H. und KASTENHOLZ, H. (1990): Prosoziales Verhalten lernen — Handlungsleitende Perspektiven zur Weiterentwicklung des UNESCO-Programmes „Der Mensch und die Biosphäre" (MAB). — MAB-Mitteilungen 33, S. 74—77

— ERDMANN, K.-H. und KASTENHOLZ, H. (1990): Verantwortung für Mensch und Umwelt. Ein integrativer Diskussionsbeitrag zum

UNESCO-Programm „Der Mensch und die Biosphäre" in: Nachrichten Mensch-Umwelt 18, Heft 3 — 4, S. 1—11

— ERDMANN, K.-H. und KASTENHOLZ, H. (1991): Positives soziales Verhalten und umweltgerechtes Handeln. Eine humanökologische Betrachtung der heutigen Umweltkrise in: KILCHENMANN, A. und SCHWARZ, C. (Hrsg.): Perspektiven der Humanökologie. Beiträge des Internationalen Humanökologie-Symposiums von Bad Herrenalb 1990. — Heidelberg, S. 145—152

— ERDMANN, K.-H. und KASTENHOLZ, H. (1992): Umwelterziehung ist Erziehung zur Verantwortung. Ein handlungsleitender Ansatz zur Vermittlung umweltverantwortlichen Handelns im Rahmen des MAB-Programms. — MAB-Mitteilungen 36, S. 166—174

— ERDMANN, K.-H. und NAUBER, J. (1990): Der deutsche Beitrag zum UNESCO-Programm „Der Mensch und die Biosphäre" (MAB) im Zeitraum Juli 1988 bis Juni 1990. — Bonn

— ERDMANN, K.-H. und NAUBER, J. (1990): Biosphärenreservate. Ein zentrales Element des UNESCO-Programmes „Der Mensch und die Biosphäre" (MAB) in: Natur und Landschaft 65, S. 479—483

— ERDMANN, K.-H. und NAUBER, J. (1991): UNESCO-Biosphärenreservate. Ein internationales Programm zum Schutz, zur Pflege und zur Entwicklung von Natur- und Kulturlandschaften in: Umwelt. Informationen des Bundesministers für Umwelt, Naturschutz und Reaktorsicherheit 10/1991, S. 440—450

— ERDMANN, K.-H. und NAUBER, J. (1992): Beiträge zur Ökosystemforschung und Umwelterziehung. — MAB-Mitteilungen 36, 219 S.

— ERDMANN, K.-H. und NAUBER, J. (1992): Biosphärenreservate. Instrument zum Schutz, zur Pflege und zur Entwicklung von Natur- und Kulturlandschaften. — MAB-Mitteilungen 36, S. 15—24

— ERDMANN, K.-H. und STEER, U. (1990): Bericht über die 1. gemeinsame Sitzung der Deutschen MAB-Nationalkomitees, zugleich 26. Sitzung des MAB-Nationalkomitees der Bundesrepublik Deutschland am 28. und 29. Mai 1990 in Bonn. — MAB-Mitteilungen 33, S. 12—16.

— GOERKE, W. und ERDMANN, K.-H. (1990): Der deutsche Beitrag zum Ökologie-Programm der UNESCO in: HASSENPFLUG, W. und

NEWIG, J. (Ed.): 22. Deutscher Schulgeographentag ‚Schleswig-Holstein und der Ostseeraum'. — Kiel, S. 93—97

— GOERKE, W. und ERDMANN, K.-H. (1991): Einführung in das MAB-Programm in: GESELLSCHAFT FÜR ÖKOLOGIE (Hrsg.): 21. Jahrestagung 1991 in Berlin. Programm und Kurzfassungen der Vorträge und Poster. — Berlin, S. 60

— GOERKE, W. und ERDMANN, K.-H. (1991): Der deutsche Beitrag zum MAB-Programm in: Geographische Rundschau 43, S. 207—210

— GOERKE, W. und ERDMANN, K.-H. (1991): Einführung in das MAB-Programm in: GESELLSCHAFT FÜR ÖKOLOGIE (Hrsg.): 21. Jahrestagung 1991 in Berlin. Programm und Kurzfassungen der Vorträge und Poster. — Berlin, S. 60

— GOERKE, W. und ERDMANN, K.-H. (1991): Das ökologische Programm der UNESCO „Der Mensch und die Biosphäre" (MAB). — Verhandlungen der Gesellschaft für Ökologie 19/III, S. 563—574

— GOERKE, W./NAUBER, J. und ERDMANN, K.-H. (Hrsg.) (1990): Tagung der MAB-Nationalkomitees der Bundesrepublik Deutschland und der Deutschen Demokratischen Republik am 28. und 29. Mai 1990 in Bonn. — MAB-Mitteilungen 33, 99 S.

— GOODLAND, R./DALY, H./EL SERAFY, S. und VON DROSTE, B. (Hrsg.) (1992): Nach dem Brundtland-Bericht: Umweltverträgliche wirtschaftliche Entwicklung. Deutschsprachige Ausgabe der Publikation "Environmentally Sustainable Economic Development: Building on Brundtland". — Bonn

— GRUNERT, J. und ERDMANN, K.-H. (1992): Die Auswirkungen einer Regenzeit auf das Bodenfeuchteregime im Sahel der Republik Niger. — MAB-Mitteilungen 36, S. 92—118

— GRUNOW-ERDMANN, C. und ERDMANN, K.-H. (1990): Verantwortung für Mensch und Umwelt. Magda Staudinger zum 88. Geburtstag in: UNESCO heute 37, S. 162—1615

— KERNER, H.F./SPANDAU, L. und KÖPPEL, J.G. (1991): Methoden zur angewandten Ökosystemforschung. Entwickelt im MAB-6-Projekt „Ökosystemforschung Berchtesgaden" 1981—1991. Abschlußbericht. — MAB-Mitteilungen 35.1 und 35.2

4.5 Liste der Biosphärenreservate (Stand 10. 11. 1992)

	Biogeo-graphische Provinz	Fläche (ha)	Jahr der Anerkennung
Ägypten			
Omayed Experimental Research Area	2.18.07	1,000	1981
Algerien			
Parc national du Tassili	2.18.07	7,200,000	1986
El Kala	2.17.06	76,438	1990
Argentinien			
Reserva de la Biosfera San Guillermo	8.37.12	981,460	1980
Reserva Natural de Vida Silvestre Laguna Blanca	8.25.07	981,620	1982
Parque Costero del Sur	8.31.11	30,000	1984
Reserva Ecológica de Ñacuñán	8.25.07	11,900	1986
Reserva de la Biosfera de Pozuelos	8.37.12	405,000	1990
Australien			
Croajingolong	6.06.06	101,000	1977
Danggali Conservation Park	6.10.07	253,230	1977
Konsciusko National Park	6.06.06	625,525	1977
Macquarie Island Nature Reserve	7.04.09	12,785	1977
Prince Regent River Nature Reserve	6.03.04	633,825	1977
Southwest National Park	6.02.02	403,240	1977
Unnamed Conservation Park of South Australia	6.09.07	2,132,600	1977
Uluru (Ayers Rock-Mount Olga) National Park	6.09.07	132,550	1977
Yathong Nature Reserve	6.13.11	107,241	1977
Fitzgerald River National Park	6.04.06	242,727	1978
Hattah-Kulkyne National Park & Murray-Kulkyne Park	6.05.06	49,500	1981
Wilson's Promontory National Park	6.06.06	49,000	1981
Benin			
Réserve de la biosphère de la Pendjari	3.04.04	880,000	1986
Bolivien			
Parque Nacional Pilón-Lajas	8.06.01	100,000	1977
Reserva Nacional de Fauna Ulla Ulla	8.36.12	200,000	1977
Estación Biológica Beni	8.35.12	135,000	1986

	Biogeographische Provinz	Fläche (ha)	Jahr der Anerkennung
Brasilien			
Atlantic Forest — Phase I und Phase II	8.07.01	4,936,825	1992
Bulgarien			
Parc national Steneto	2.33.12	2,889	1977
Réserve Alibotouch	2.33.12	1,628	1977
Réserve Bistrichko Branichté	2.33.12	1,177	1977
Réserve Boatine	2.33.12	1,281	1977
Réserve Djendema	2.33.12	1,775	1977
Réserve Doupkata	2.33.12	1,210	1977
Réserve Doupki-Djindjiritza	2.33.12	2,873	1977
Réserve Kamtichia	2.33.12	842	1977
Réserve Koupena	2.33.12	1,084	1977
Réserve Mantaritza	2.33.12	576	1977
Réserve Maritchini ezera	2.33.12	1,510	1977
Réserve Ouzounboudjak	2.33.12	2,575	1977
Réserve Parangalitza	2.33.12	1,509	1977
Réserve Srébarna	2.11.05	600	1977
Réserve Tchervenata sténa	2.33.12	812	1977
Réserve Tchoupréné	2.33.12	1,440	1977
Réserve Tsaritchina	2.33.12	1,420	1977
Burkina Faso			
Forêt classée de la mare aux hippopotames	3.04.04	16,300	1986
Chile			
Parque Nacional Fray Jorge	8.23.06	14,074	1977
Parque Nacional Juan Fernández	5.04.13	9,290	1977
Parque Nacional Torres del Paine	8.37.12	184,414	1978
Parque Nacional Laguna San Rafael	8.11.02	1,742,448	1979
Reserva Nacional Lauca	8.36.12	358,312	1981
Reserva de la Biosfera Araucarias	8.22.05	81,000	1983
Reserva de la Biosfera La Campana-Peñuelas	8.23.06	17,095	1984
China			
Changbai Mountain Nature Reserve	2.14.05	217,235	1979
Dinghu Nature Reserve	4.06.01	1,200	1979

	Biogeographische Provinz	Fläche (ha)	Jahr der Anerkennung
Wolong Nature Reserve	2.39.12	207,210	1979
Fanjingshan Mountain Biosphere Reserve	2.15.05	41,533	1986
Xilin Gol Natural Steppe Protected Area	2.30.11	1,078,600	1987
Fujian Wuyishan Nature Reserve	2.01.02	56,527	1987
Bogdhad Mountain Biosphere Reserve	2.22.08	217,000	1990
Shennongjia	2.15.05	147,467	1990
Yancheng	2.15.06	280,000	1992
Costa Rica			
Reserva de la Biosfera de la Amistad	8.16.04	584,592	1982
Cordillera Volcánica Central	8.16.04	144,363	1988
Dänemark			
North-east Greenland National Park	1.17.09	70,000,000	1977
Deutschland			
Biosphärenreservat Mittlere Elbe	2.11.05	43,000	1979
Biosphärenreservat Vessertal-Thüringer Wald	2.11.05	12,670	1979
Biosphärenreservat Bayerischer Wald	2.32.12	13,100	1981
Biosphärenreservat Berchtesgaden	2.32.12	46,800	1990
Biosphärenreservat Schleswig-Holsteinisches Wattenmeer	2.09.05	285,000	1990
Biosphärenreservat Schorfheide-Chorin	2.09.05	125,891	1990
Biosphärenreservat Spreewald	2.11.05	47,600	1991
Biosphärenreservat Südost-Rügen	2.11.05	22,800	1991
Biosphärenreservat Rhön	2.11.05	130,488	1991
Biosphärenreservat Pfälzerwald	2.09.05	179,800	1992
Biosphärenreservat Niedersächsisches Wattenmeer	2.09.05	240,000	1992
Biosphärenreservat Hamburgisches Wattenmeer	2.09.05	11,700	1992
Elfenbeinküste			
Parc national de Tai	3.01.01	330,000	1977
Parc national de la Comoé	3.04.04	1,150,000	1983
Equador			
Archipiélago de Colón (Galápagos)	8.44.13	766,514	1984
Reserva de la Biosfera de Yasuni	8.05.01	679,730	1989

	Biogeo-graphische Provinz	Fläche (ha)	Jahr der Anerkennung
Estland			
West Estonian Archipelago Biosphere Reserve	2.10.05	1,560,000	1990
Finnland			
Northern Karelia	2.03.03	350,000	1992
Frankreich			
Atoll de Taiaro	5.04.13	2,000	1977
Réserve de la biosphère de la Vallée du Fango	2.17.06	25,110	1977
Réserve nationale de Camargue Biosphère Réserve	2.17.06	13,117	1977
Réserve de la biosphère du Parc National des Cévennes	2.09.05	323,000	1984
Réserve de la biosphère d'Iroise	2.09.05	21,400	1988
Réserve de la biosphère des Vosges du Nord	2.09.05	120,000	1988
Mont Ventoux	2.17.07	72,956	1990
Guadeloupe Archipelago	8.41.13	69,000	1992
Gabun			
Réserve naturelle intégrale d'Ipassa-Makokou	3.02.01	15,000	1983
Ghana			
Bia National Park	3.01.01	7,770	1983
Griechenland			
Gorge of Samaria National Park	2.17.06	4,840	1981
Mount Olympus National Park	2.17.06	4,000	1981
Großbritannien			
Beinn Eighe National Nature Reserve	2.31.12	4,800	1976
Braunton Burrows National Nature Reserve	2.08.05	596	1976
Caerlaverock National Nature Reserve	2.08.05	5,501	1976
Cairnsmore of Fleet National Nature Reserve	2.08.05	1,922	1976
Dyfi National Nature Reserve	2.08.05	1,589	1976
Isle of Rhum National Nature Reserve	2.31.12	10,560	1976
Loch Druidibeg National Nature Reserve	2.31.12	1,658	1976
Moor House-Upper Teesdale Biosphere Reserve	2.08.05	7,399	1976
North Norfolk Coast Biosphere Reserve	2.08.05	5,497	1976
Silver Flowe-Merrick Kells Biosphere Reserve	2.08.05	3,088	1976

	Biogeographische Provinz	Fläche (ha)	Jahr der Anerkennung
St Kilda National Nature Reserve	2.08.05	842	1976
Claish Moss National Nature Reserve	2.31.12	480	1977
Taynish National Nature Reserve	2.31.12	326	1977
Guatemala			
Maya	8.01.01	1,000,000	1990
Sierra de las Minas	1.03.03	236,300	1992
Guinea			
Réserve de la biosphère des Monts Nimba	3.01.01	17,130	1980
Réserve de la biosphère du Massif du Ziama	3.01.01	116,170	1980
Honduras			
Río Plátano Biosphere Reserve	8.16.04	500,000	1980
Indonesien			
Cibodas Biosphere Reserve (Gunung Gede-Pangrango)	4.22.13	14,000	1977
Komodo Proposed National Park	4.23.13	30,000	1977
Lore Lindu Proposed National Park	4.24.13	231,000	1977
Tanjung Puting Proposed National Park	4.25.13	205,000	1977
Gunung Leuser Proposed National Park	4.21.13	946,400	1981
Siberut Nature Reserve	4.21.13	56,000	1981
Iran			
Arasbaran Protected Area	2.34.12	52,000	1976
Arjan Protected Area	2.34.12	65,750	1976
Geno Protected Area	2.20.08	49,000	1976
Golestan National Park	2.34.12	125,895	1976
Hara Protected Area	2.20.08	85,686	1976
Kavir National Park	2.24.08	700,000	1976
Lake Oromeeh National Park	2.34.12	462,600	1976
Miankaleh Protected Area	2.34.12	68,800	1976
Touran Protected Area	2.24.08	1,000,000	1976
Irland			
North Bull Island	2.08.05	500	1981
Killarney National Park	2.08.05	8,308	1982

	Biogeographische Provinz	Fläche (ha)	Jahr der Anerkennung
Italien			
Collemeluccio-Montedimezzo	2.32.12	478	1977
Forêt Domaniale du Circeo	2.17.06	3,260	1977
Miramare Marine Park	2.17.06	60	1979
Japan			
Mount Hakusan	2.02.02	48,000	1980
Mount Odaigahara & Mount Omine	2.02.02	36,000	1980
Shiga Highland	2.15.05	13,000	1980
Yakushima Island	2.02.02	19,000	1980
Jugoslawien			
Réserve écologique du Bassin de la Rivière Tara	2.33.12	200,000	1976
Kamerun			
Parc national de Waza	3.04.04	170,000	1979
Parc national de la Benoué	3.04.04	180,000	1981
Réserve forestière et de faun du Dja	3.02.01	500,000	1981
Kanada			
Mont St Hilaire	1.05.05	5,550	1978
Waterton Lakes National Park	1.19.12	52,597	1979
Long Point Biosphere Reserve	1.22.14	27,000	1986
Riding Mountain Biosphere Reserve	1.04.03	297,591	1986
Réserve de la biosphère de Charlevoix	1.04.03	460,000	1988
Niagara Escarpment Biosphere Reserve	1.05.05	207,240	1990
Kenia			
Mount Kenya Biosphere Reserve	3.21.12	71,759	1978
Mount Kulal Biosphere Reserve	3.14.07	700,000	1978
Malindi-Watamu Biosphere Reserve	3.14.07	19,600	1979
Kiunga Marine National Reserve	3.14.07	60,000	1980
Amboseli	3.14.07	483,200	1991
Kirgisien — Usbekistan			
Chatkal Mountains Biosphere Reserve	2.36.12	71,400	1978

	Biogeo-graphische Provinz	Fläche (ha)	Jahr der Anerkennung
Kolumbien			
Cinturón Andino Cluster Biosphere Reserve	8.33.12	855,000	1979
El Tuparro Nature Reserve	8.27.10	928,125	1979
Sierra Nevada de Santa Marta (incl. Tayrona Nacional Parque)	8.17.04	731,250	1979
Kongo			
Parc national d'Odzala	3.02.01	110,000	1977
Réserve de la biosphère de Dimonika	3.02.01	62,000	1988
Kroatien			
Velebit Mountain	2.17.06	150,000	1977
Kuba			
Sierra del Rosario	8.39.13	10,000	1984
Cuchillas des Toa	8.39.13	127,500	1987
Peninsula de Guanahacabibes	8.39.13	101,500	1987
Baconao	8.39.13	84,600	1987
Madagaskar			
Réserve de la biosphère du Mananara Nord	3.03.01	140,000	1990
Mali			
Parc national de la Boucle du Baoulé (etc.)	3.04.04	771,000	1982
Mauritius			
Macchabee/Bel Ombre Natur Reserve	3.25.13	3,594	1977
Mexiko			
Reserva de Mapimi	1.09.07	103,000	1977
Reserva de la Michilia	1.21.12	42,000	1977
Montes Azules	8.01.01	331,200	1979
Reserva de la Biosfera „El Cielo"	1.10.07	144,530	1986
Reserva de la Biosfera de Sian Ka'an	8.16.04	528,147	1986
Reserva de la Biosfera Sierra de Manantlán	8.14.04	139,577	1988
Mongolei			
Great Gobi	2.35.12	5,300,000	1990

	Biogeographische Provinz	Fläche (ha)	Jahr der Anerkennung
Niederlande			
Waddensea Area	2.09.05	260,000	1986
Nigeria			
Omo Strict Natural Reserve	3.01.01	460	1977
Nordkorea			
Mount Paekdu Biosphere Reserve	2.14.05	132,000	1989
Norwegen			
North-east Svalbard Nature Reserve	2.25.09	1,555,000	1976
Österreich			
Gossenkollesee	2.32.12	100	1977
Gurgler Kamm	2.32.12	1,500	1977
Lobau Reserve	2.32.12	1,000	1977
Neusiedler See — Österreichischer Teil	2.12.05	25,000	1977
Pakistan			
Lal Suhanra National Park	4.15.07	31,355	1977
Panama			
Parque Nacional Fronterizo Darién	8.02.01	597,000	1983
Peru			
Reserva de Huascarán	8.37.12	399,239	1977
Reserva del Manu	8.05.01	1,881,200	1977
Reserva des Noroeste	8.19.04	226,300	1977
Philippinen			
Puerto Galera Biosphere Reserve	4.26.13	23,545	1977
Palawan Biosphere Reserve	4.26.13	1,150,800	1990
Polen			
Babia Gora National Park	2.11.05	1,741	1976
Bialowieza National Park	2.10.05	5,316	1976
Lukajno Lake Reserve	2.10.05	710	1976
Slowinski National Park	2.11.05	18,069	1976

	Biogeographische Provinz	Fläche (ha)	Jahr der Anerkennung
Portugal			
Paul do Boquilobo Biosphere Reserve	2.17.06	395	1981
Ruanda			
Parc nationaldes Volcans	3.20.12	15,065	1983
Rumänien			
Pietrosul Mare Nature Reserve	2.11.05	3,068	1979
Retezat National Park	2.11.05	20,000	1979
Danube Delta	2.29.11	591,220	1992
Russische Förderation			
Kavkazskiy Zapovednik	2.34.12	263,477	1978
Oka River Valley Biosphere Reserve	2.10.05	45,845	1978
Sikhote-Alin Zapovednik	2.14.05	340,200	1978
Tsentral'nochernozem Zapovednik	2.10.05	4,795	1978
Astrakhanskiy Zapovednik	2.21.08	63,400	1984
Kronotskiy Zapovednik	2.07.05	1,099,000	1984
Laplandskiy Zapovednik	2.03.03	278,400	1984
Pechoro-Ilychskiy Zapovednik	2.03.03	721,322	1984
Sayano-Shushenskiy Zapovednik	2.35.12	389,570	1984
Sokhondinskiy Zapovednik	2.30.11	211,000	1984
Voronezhskiy Zapovednik	2.11.05	31,053	1984
Tsentra'nolesnoy Zapovednik	2.10.05	21,348	1985
Lake Baikal Region Biosphere Reserve	2.04.03	559,100	1986
Tzentralnosibirskii Biosphere Reserve	2.03.04	5,000,000	1986
Schweden			
Lake Torne Area	2.06.05	96,500	1986
Schweiz			
Parc national Suisse	2.32.12	16,870	1979
Senegal			
Forêt classée de Samba Dia	3.04.04	756	1979
Delta du Saloum	3.04.04	180,000	1980
Parc national du Niokolo-Kobo	3.04.04	913,000	1981

	Biogeo-graphische Provinz	Fläche (ha)	Jahr der Aner-kennung
Spanien			
Reserva de Grazalema	2.17.06	32,210	1977
Reserva de Ordesa-Vinamala	2.16.06	51,396	1977
Parque Natural des Montseny	2.17.06	17,372	1978
Reserva de la Biosfera de Doñana	2.17.06	77,260	1980
Reserva de la Biosfera de la Mancha Humeda	2.17.06	25,000	1980
Las Sierras de Cazorla y Segura Reserva de la Biosfera	2.17.06	190,000	1983
Reserva de la Biosfera de las Marismas del Odiel	2.17.06	8,728	1983
Reserva de la Biosfera del Canal y los Tiles	2.40.13	511	1983
Reserva de la Biosfera del Urdaibai	2.16.06	22,500	1984
Reserva de la Biosfera Sierra Nevada	2.17.06	190,000	1986
Cuenca Alta del Rio Manzanares	2.16.06	236,300	1992
Sri Lanka			
Hurulu Forest Reserve	4.13.04	512	1977
Sinharaja Forest Reserve	4.02.01	8,864	1978
Sudan			
Dinder National Park	3.13.07	650,000	1979
Radom National Park	3.05.04	1,250,970	1979
Südkorea			
Mount Sorak Biosphere Reserve	2.15.05	37,430	1982
Tansania			
Lake Manyara National Park	3.05.04	32,500	1981
Serengeti-Ngorongoro Biosphere Reserve	3.05.04	2,305,100	1981
Thailand			
Sakaerat Environmental Research Station	4.10.04	7,200	1976
Hauy Tak Teak Reserve	4.10.04	4,700	1977
Mae Sa-Kog Ma Reserve	4.10.04	14,200	1977
Tschechoslowakei			
Krivoklátsko Protected Landscape Area	2.11.05	62,792	1977
Slovensky Kras Protected Landscape Area	2.11.05	36,165	1977

	Biogeographische Provinz	Fläche (ha)	Jahr der Anerkennung
Tiebon Basin Protected Landscape Area	2.11.05	70,000	1977
Palava Protected Landscape Area	2.11.05	8,017	1986
Sumava Biosphere Reserve	2.32.12	167,117	1990
Polana Biosphere Reserve	2.11.05	20,079	1990
Karkonosze	2.32.12	533,488	1992
Tatra	2.11.05	123,556	1992
East Carpathiana	2.11.05/ 2.32.12	149,525	1992
Tunesien			
Parc national de Djebel Bou-Hedma	2.28.11	11,625	1977
Parc national de Djebel Chambi	2.28.11	6,000	1977
Parc national de l'Ichkeul	2.17.06	10,770	1977
Parc national des Iles Zembra et Zembretta	2.17.06	4,030	1977
Turkmenistan			
Repetek Zapovednik	2.21.08	34,600	1978
Uganda			
Queen Elisabeth (Rwenzori) National Park	3.05.04	220,000	1979
Ukraine			
Chernomorskiy Zapovednik	2.29.11	87,348	1984
Askaniya-Nova Zapovednik	2.29.11	33,307	1985
Carpathian	2.11.05	83,930	1992
Ungarn			
Aggtelek Biosphere Reserve	2.11.05	19,247	1979
Hortobágy National Park	2.12.05	52,000	1979
Kiskunság Biosphere Reserve	2.12.05	22,095	1979
Lake Fert Biosphere Reserve	2.12.05	12,542	1979
Pilis Biosphere Reserve	2.11.05	23,000	1980
Uruguay			
Bañados des Este	8.32.11	200,000	1976
Vereinigte Staaten von Amerika			
Aleutian Islands National Wildlife Refuge	1.12.09	1,100,943	1976

	Biogeo-graphische Provinz	Fläche (ha)	Jahr der Anerkennung
Big Bend National Park	1.09.07	283,247	1976
Cascade Head Experimental Forest Scenic Research Area	1.02.02	7,051	1976
Central Plains Experimental Range (CPER)	1.18.11	6,210	1976
Channel Islands Biosphere Reserve	1.07.06	479,652	1976
Coram Experimental Forest (incl. Coram National Area)	1.19.12	3,019	1976
Denali National Park and Biosphere Reserve	1.03.03	2,441,295	1976
Desert Experimental Range	1.11.08	22,513	1976
Everglades National Park (incl. Ft. Jefferson National Monument)	8.12.04	585,867	1976
Fraser Experimental Forest	1.19.12	9,328	1976
Glacier National Park	1.19.12	410,202	1976
H.J. Andrews Experimental Forest	1.20.12	6,100	1976
Hubbard Brook Experimental Forest	1.05.05	3,076	1976
Jornada Experimental Range	1.09.07	78,297	1976
Luquillo Experimental Forest (Caribbean National Forest)	8.40.13	11,340	1976
Noatak National Arctic Range	1.13.09	3,035,200	1976
Olympic National Park	1.02.02	363,379	1976
Organ Pipe Cactus National Monument	1.08.07	133,278	1976
Rocky Mountain National Park	1.19.12	106,710	1976
San Dimas Experimental Forest	1.07.06	6,947	1976
San Joaquin Experimental Range	1.07.06	1,832	1976
Sequoia-Kings Canyon National Parks	1.20.12	343,000	1976
Stanislaus-Tuolumne Experimental Forest	1.20.12	607	1976
Three Sisters Wilderness	1.20.12	80,900	1976
Virgin Islands National Park & Biosphere Reserve	8.41.13	6,127	1976
Yellowstone National Park	1.19.12	898,349	1976
Beaver Creek Experimental Watershed	1.08.07	111,300	1978
Konza Prairie Research Natural Area	1.18.11	3,487	1979
Niwot Ridge Biosphere Reserve	1.19.12	1,200	1979
The University of Michigan Biological Station	1.18.11	4,048	1979
The Virginia Coast Reserve	1.05.05	13,511	1979
Hawaii Islands Biosphere Reserve	5.03.13	99,545	1980
Isle Royale National Park	1.22.14	215,740	1980
Big Thicket National Reserve	1.06.05	34,217	1981
Guanica Commonwealth Forest Reserve	8.40.13	4,006	1981
California Coast Ranges Biosphere Reseve	1.02.02	62,098	1983

	Biogeographische Provinz	Fläche (ha)	Jahr der Anerkennung
Central Gulf Coastal Plain Biosphere Reserve	1.06.05	72,964	1983
South Atlantic Coastal Plain Biosphere Reserve	1.06.05	6,125	1983
Mojave and Colorado Desert Biosphere Reserve	1.08.07	1,297,264	1984
Carolian-South Atlantic Biosphere Reserve	1.06.05	125,545	1986
Glacier Bay-Admiralty Island Biosphere Reserve	1.01.02	1,515,015	1986
Central California Coast Biosphere Reserve	1.07.06	543.385	1988
New Jersey Pinelands Biosphere Reserve	1.05.05	445,300	1988
Southern Appalachian Biosphere Reserve	1.05.05	247.028	1988
Champlain-Adirondak Biosphere Reserve	1.05.05	3,990,000	1989
Mammoth Cave Area	1.09.07	83,337	1990
Land between the Lakes	1.05.05	1,560,000	1991

Weißrussland

Berezinskiy Zapovednik	2.10.05	76,201	1978

Zaire

Réserve floristique de Yangambi	3.02.01	250,000	1976
Réserve forestière de Luki	3.02.01	33,000	1979
Vallée de la Lufira	3.06.04	14,700	1982

Zentralafrikanische Republik

Basse-Lobaye Forest	3.02.01	18,200	1977
Bamingui-Bangoran Conservation Area	3.04.04	1,622,000	1979

311 Biosphärenreservate in 80 Staaten
Gesamtfläche: > 170,286,558 ha

5. Summary
of the Report of the German Contribution to the UNESCO-Programme „Man and the Biosphere" (MAB) for July 1990 till June 1992

5.1 The National Committee

The German National Committee was founded 1972. The chairmanship falls into the responsibility of the Federal Ministry for the Environment, Nature Protection and Reactor Safety. The German National Committee consists at the moment out of 45 members. They represent science of the different disciplines, several Federal Ministries, the Länder, the big research institutes and the Deutsche Forschungsgemeinschaft.

The tasks of the National Committee are the following:
— scientific assistance of the German contribution to the MAB-Programme,
— identification of new MAB-relevant areas of cooperation,
— further development of the national contribution to the international programme,
— advising of the Federal Government in the area of UNESCO-MAB policy,
— promotion of the MAB-philosophy by public relation and
— realization of MAB symposia or workshops.

The affairs of the National Committee and its chairman are conducted by a secretariate which consists out of four persons. The secretariate is located at the Federal Research Institute for Nature Protection and Landscape Ecology.

5.2 German Contribution to the MAB-Programme

5.2.1 National Projects

Forest Ecosystems Close to Urban Agglomerations in Berlin (MAB-2)

Since 1986 this project is executed by the Federal Environment Agency and the Senator for Urban Development and Environmental Protection of Berlin. The main topics are the research about complex relationships in the ecosystem forest, the elaboration and securing of the necessary basic knowledge for a sustainable oriented forest recultivation and the development of a catalogue for measures for a sustainable development.

Stability Conditions in Forest Ecosystems, Göttingen (MAB-2, -14)

This project is carried out by the Research Centre Forest Ecosystems in Göttingen and is financed by the Federal Ministry for Research and Technology. It was labelled MAB-Project in 1989. The basis of the research in the project is the causal interpretation of the effects which have input matters and management on forest ecosystems and the effects which originate by matter output out of forest ecosystems to their environment. The understanding of this effects is the basis for:
-1- the definition for critical loads
-2- the elaboration of measures for stabilizing forest ecosystems and for its sustainable management
-3- to avoid long-term negative effects on forest ecosystems.

Ecosystem Research at the Bornhöveder Seenkette (MAB-3, -5, -9, -13, -14)

Since 1989, 26 research groups from different universities realize this interdisciplinary project at the University of Kiel. The objective of the project which is financed by the Federal Ministry for Research and Technology, is to detect the consequences of anthropogenic impact on nature-like ecosystems and agrarian ecosystems as well as to detect and predict the consequences in terrestrial matter balances and in aquatic ecosystems. By this means, environmental managers shall be supplied with improved instruments for a sustainable and rational land-use management.

Ecosystem Research in the Waddensea in the Länder Niedersachsen and Schleswig-Holstein (MAB-5)

Since 1989, the Federal Ministry of Environment, Nature Protection and Reactor Safety is conducting in cooperation with the Länder Schleswig-Holstein and Niedersachsen the MAB Project Ecosystems Research in the Waddensea. The research which is executed in the National Parks of the Waddensea has the aims,
-1- to originate general understanding of the human-nature-system of the Waddensea,

-2- to supply the knowledge which is needed for the solution, e.g. minimizing of actual environmental problems in coastal areas and
-3- to develop criteria and instruments for the improvement of the longterm protection of the ecosystem Waddensea.

In the research programmes, ecological as well as socio-economical subsystems are subject of the research which, by the means of a Geographical Information System, is the basis for an instrument for future orientated environmental planning.

Biosphere reserves in Germany (MAB-8)

Biosphere reserves are protected areas of representative environments internationally recognized for their value for conservation and in providing the scientific knowledge, skills and human values to support sustainable development. Biosphere reserves make up a worldwide network sharing research information on ecosystem conservation, management and development. They include strictly protected „core-areas" — representative examples of natural or minimally disturbed ecosystems. Core areas are surrounded by „buffer zones" in which research, environmental education and training and recreation can take place. Buffer zones are, in turn, surrounded by „transition areas", large open areas where the aim is to ensure rational development of the natural resources of the region.

Germany has been involved in the International MAB Biosphere Reserves Programme since 1979. Only three years after the definition of MAB was the government of the then German Democratic Republic (GDR) able to designate the areas Mittlere Elbe (Saxony-Anhalt today) and Vessertal (Thuringia today) as international UNESCO biosphere reserves. In 1981, the Federal Republic of Germany designated the Bayerischer Wald.

The biosphere reserve programme in Germany gained particular momentum through a decision by the GDR Council of Ministers of 22 March 1990 which adopted a programme on national parks. In addition to the 5 national parks and 3 nature parks, this programme included 4 new biosphere reserves (Rhön, Schorfheide-Chorin, Spreewald and Südost-Rügen) and the extension of 2 recognised areas.

Even before German unification, on 12 September 1990, the landscape designated in the programme on national parks became subject to protection. The regulations entered into force on 1 October 1990. Due to a supplement to the unification treaty, it was possible to safeguard the protection provisions for the period after the accession of the eastern Federal States.

As early as 20 November 1990, UNESCO recognised the area Schorfheide-Chorin (Brandenburg) as a biosphere reserve as well as Berchtesgaden (Bavaria) and the Schleswig-Holsteinisches Wattenmeer (Schleswig-Holstein). The designation of Rhön (Bavaria, Hessen, Thuringia), Spreewald (Brandenburg) and Südost-Rügen (Mecklenburg-Western Pommerania) as well as the confirmation of the expansion of the biosphere reserve Mittlere Elbe (Saxony-Anhalt) and the biosphere reserve Vessertal-Thüringer Wald (Thuringia) followed on March 1991. On 10 November 1992, UNESCO recognized the Hamburgisches and Niedersächsisches Wattenmeer and the Pfälzer Wald as a biosphere reserve.

The German biosphere reserve network now comprises 12 areas with an overall surface of 11,589 km² (10 November 1992) which amounts to 3,3 % of Germany's total surface. The „Standing Working Group on German Biosphere Reserves" is at present formulating „Guidelines for the Protection, Management and Development of Biosphere Reserves".

Models of Agrarian Ecosystems: Land-Use Changes in Urban Areas with Special Attention to the Rhein-Sieg-Kreis (MAB-13, -14)

This project of the Geographical and the Agricultural Faculty of the University of Bonn is supported by the Länder Ministry for Environment, Landscape Planning and Agriculture of the Land Nordrhein-Westfalen. It is an interdisciplinary research project basing on system-theoretical and practical research experience of the till now conducted German MAB-projects. Its aims are:

-1- to develop a basic understanding of structure, function and dynamic of the dependencies between agriculture and environment in areas close to urban agglomerations;

-2- elaboration of criteria and indicators for the evaluation of these relations;

-3- elaboration of praxis-orientated conceptions for the solutions of actual land-use problems.

5.2.2 German contributions to international projects

Project Arid Ecosystem Research Centre (AERC) in Beer Sheba/Israel (MAB-3)

Since 1987, the Federal Ministry of Research and Technology is supporting the German-Israel project Arid Ecosystem Research Centre at the Hebrew University in Beer Sheba/Israel. In the centre of the scientific work are questions of arid areas and its agrarial appraisal. Besides the development of new irrigation methodologies and the research of salt resistent plants, priority is put on research on agro-forestry. The German and the Israel National Committees decided 1989 to incorporate the AERC as a German-Israel common project into the MAB Programme.

Culture Area Karakorum in Pakistan (MAB 6)

Pakistanian and German scientists are working interdisciplinary together in the research project Culture Area Karakorum which is financed by the Deutsche Forschungsgemeinschaft. Among Anthropogeographists there participate scientists from the fields of economy, ethnology and the linguistic sciences. The culture area Karakorum was traditionally a „retreat area" for ethnological, linguistic and religious minorities. It was characterized by extreme environmental conditions, historical and cultural magnifoldness and heavy horizontal and vertical differentiation. By the latest developments (i. e. infrastructure), the culture area Karakorum is subject to strong changing processes in the ecological, ecomonic and social sense. It is the aim of the project to detect these changes and to elaborate developing models for the future.

Cooperative Integrated Project on Savanna Ecosystems in Ghana (CIPSEG) (MAB-4)

Environmental degradation in Ghana's northern savanna areas is posing a serious threat to the biological diversity as well as to the economic development potential of this bioclimatic zone. Human impacts on the climax vegetation communities has been so great that few, if any of the existing plant communities are still primary climax communities. Although the extent of species extinction has not been recorded, it can be assumed that biodiversity has decreased considerably over the last decades. The existing natural vegetation has been destroyed, damaged or disturbed by fire, floods, agricultural cultivation, overgrazing, cutting and urban and village sprawl. However, a few relict climax vegetation patches still exist in „fetish/sacred groves" which have been protected due to religious (animistic) beliefs. The project goal is therefore to develop a scientific knowledge base of the relict fetish groves with a view to help restore the surrounding degraded ecosystems by transferring plant communities which are well adapted to the climatic and pedological conditions of the environment. This requires interdisciplinary approaches and models for formulating sound managemnt guidelines and development interventions in close cooperation with the local populations. The project is financed (funds-in-trust) by the Federal Ministry for Economic Cooperation (BMZ).

5.3 International Cooperation

As an international research programme, MAB has not only the task to execute bilaterally or multilatery concrete cooperation in research projects, but as well to promote the exchange of experiences and knowledges on an international level. This is indispensible in order to fill one task of the MAB programme which is to contribute to the elaboration of concrete future oriented research perspectives and to indicate instruments whose application leads to a sustainable development.

5.4 Future Perspectives

In the framework of international interdisciplinary cooperation, MAB should contribute essential research results to the understanding of the relation between humankind and the environment. This has to be confirmed in the coming years in order to base future development on a more rational and sustainable basis oriented on ethic values, adopted to nature and oriented on the need of mankind. For this a globally coordinated international action is necessary because the solution of environmental problems can only be achieved by cooperation of the individual states. The example of the increase of CO_2 in the atmosphere shows that the problem and its solution have a global dimension.

Priorities of the future activities of the German MAB National Committee will lie in the following areas:

Biosphere Reserves, tropical ecosystems, land-use changes, urban ecosystems, environmental education, training measures. In addition to research efforts scientists have to develop ways and means to transfer research results into the world of decision makers and environmental and training programmes.

Regionalisation has proved to be an excellent instrument for enhancing the MAB-Programme. The National Committee supports creation and strengthening regional networks and especially EUROMAB. It will assist also to intensify the cooperation between relevant programmes within UNESCO. Cooperation with IHP is developing to an effective partnership.

The German National Committee intends to continue the bilateral and multilateral cooperation with other MAB National Committees. It sets priorities for cooperation with national/international institutions and with environmental programmes. In order to achieve a broad basis for cooperation, common activities with non-governmental organizations are foreseen.

In the next years special attention has to be given to update the National MAB-programme taking into consideration the good experiences gained during the past period.